林珍 编著

小学生思维能力的提高

本书通过多种多样的思维练习，增进中学生的思维，提高中学生的思维水平，为综合素质的提高，奠定坚实的基础。

中国出版集团
现代出版社

图书在版编目（CIP）数据

中小学生思维能力的提高 / 林珍编著 . — 北京：
现代出版社，2011.9（2025 年 1 月重印）
ISBN 978 – 7 – 5143 – 0270 – 7

Ⅰ . ①中… Ⅱ . ①林… Ⅲ . ①中小学生 – 思维能力 –
能力培养 Ⅳ . ①B842.5 ②G635.5

中国版本图书馆 CIP 数据核字（2011）第 146928 号

中小学生思维能力的提高

编　著	林　珍	
责任编辑	陈世忠	
出版发行	现代出版社	
地　址	北京市安定门外安华里 504 号	
邮政编码	100011	
电　话	010 – 64267325　010 – 64245264（兼传真）	
网　址	www.1980xd.com	
电子信箱	xiandai@ vip.sina.com	
印　刷	三河市人民印务有限公司	
开　本	710mm×1000mm　1/16	
印　张	13	
版　次	2011 年 9 月第 1 版　2025 年 1 月第 9 次印刷	
书　号	ISBN 978 – 7 – 5143 – 0270 – 7	
定　价	49.80 元	

前　言

　　广义的思维是人们主体能动地、连续性地获取各种环境信息，对获得的环境信息和之前的运算结果信息进行运算，得出方案的心理活动。思维能力是人们在工作、学习、生活中每逢遇到问题，总要"想一想"，这种"想"，就是思维。它是通过分析、综合、概括、抽象、比较、具体化和系统化等一系列过程，对感性材料进行加工并转化为理性认识及解决问题的方法。我们常说的概念、判断和推理是思维的基本形式。无论是学生的学习活动，还是人类的一切发明创造活动，都离不开思维，思维能力是学习能力的核心。

　　思维能力培养的核心是创新思维能力。

　　创新是人类生产前所未有的产品的活动。创造力是一个人具有的运用一切已知信息产生某种新颖、独特、有社会或个人价值的产品。历史证明，创新思维能力是国家和民族的灵魂。一个国家的振兴，一个民族的自立，需要大批创造型人才，培养创造型人才已成为当今世界的一种趋势。

　　一个具有创新思维能力的人，具有独立而高尚的人格，自主而发达的思维，求实求真的见解，创新创意的思路，敢于和善于发现并提出问题，且具有有效解决实际问题的能力。一个人创新能力的形成与其思维方法、思维习惯、好奇心和已有的创造方法密切相关。创新思维寓于抽象思维和形象思维之中，它是逻辑思维与非逻辑思维的辩证统一，是辐合思维与发散思维的辩证统一。

　　一个国家、一个民族要挺立于世界历史时代的高峰，就必须普遍提高人们自身的创新能力。青少年是国家和民族的未来。青少年时期是一个人创新思维和创新能力发展的重要阶段。

瑞士心理学家皮亚杰认为，人的一生思维发展的速度是不平衡的，是先快后慢的。这就要重视青少年这一阶段的思维培养训练，以收到事半功倍的效果。

本书分为八个部分：创新思维、逻辑思维、逆向思维、观察思维、想象思维、直觉思维、散聚思维、记忆思维。每部分内容中除了穿插相关故事、任务进行理论阐述外，配以思维能力测试和思维游戏测验题，每节之后都辅以"思维指南针"板块，作以精炼总结。

本书作为一本科普读物，在编写中力求做到相关理论观念的普及和实践操作可行性相结合，游戏测验环节的设计使读者能够得到更为深入的理解。

希望本书能够成为青少年思维提高的"良师益友"。

编　者

目 录

中小学生思维能力的提高

创新思维——柳暗花明又一村

跳出习惯思维的藩篱

思维是人脑对现实的概括的反映。它同人的实践活动和对客观世界的感性认识密切联系。人为了更广泛、更正确、更深刻地认识世界，仅仅依靠感知和表象是不够的。因为感知和表象所能达到和认识的领域有限，而思维的领域却是无限广阔的。比如，仅凭表象不能把握 30 万千米/秒的运动，而凭借思维就能把握。又比如，仅凭感知和表象只能认识事物的外部特征，不能抓住事物的本质，而凭借思维，不仅能抓住事物的本质，还可以把握事物与事物之间的内在联系。人在实践活动中，正是凭借高度发展的思维能力，创造了人类社会的文明。

思维是在表象、概念的基础上，进行分析、综合、判断、推理等的认识过程，思维是人类最本质的特征。地球上的千千万万种动物，其中很多都具有人自身所达不到的本领。例如，鹰击长空，鱼翔水底，豺狼虎豹的凶猛，狗熊骆驼的耐力。然而，它们或者作为人类驯服的工具，或者变为动物园中的观赏对象。人类之所以能够征服所有的动物，成为万物的主宰，并非依靠自己的肢体，而是依靠人脑所具有的思维。

人的思维发展经历了一条漫长的道路，从儿童到青少年，其总的发展趋势是：从具体到抽象，从不完善到完善，从低级到高级。大体可以划分为几个发展水平不同，但却互相联系的阶段：

1. 8～15 岁的学龄初期和少年期

处于从具体形象思维为主要形式向抽象逻辑思维为主要形式过渡的阶

段。它的主要特点是：形象或表象逐步让位于概念，少年儿童逐步学会正确地掌握概念，并运用概念组成恰当的判断，进行合乎逻辑的推理活动。但是，这种抽象逻辑思维，在很大程度上，仍然是直接与感性经验相联系的，仍然具有很大成分的具体形象性。

2. 16～18岁的青年初期

处于抽象逻辑思维占主导地位的阶段。特点是从经验型的抽象逻辑思维逐步，向理论型的抽象逻辑思维转化，并由此而导向辩证逻辑思维的初步发展。在学龄初期和少年期，少年儿童思维中的抽象概括和逻辑论证，在很大程度上依赖具体经验材料的支持。在青年初期已经开始试图对经验材料进行理论的概括。

思维方法，指的是人们在认识事物之间的相互关系和客观规律基础上所形成的思维规则、手段和途径。而创新思维是人们在认识事物的过程中，运用自己掌握的知识和经验，通过分析、综合、比较、抽象，加上合理的想象，产生新思想、新观点的思维方式。就本质而言，创新思维就是综合运用形象思维和抽象思维并在过程或成果上突破常规有所创新的思维。

长期以来，人们习惯了常规化的习惯思维，缺乏具有个性分明的个人观点。在我们的学校教育里，充满了太多的"标准答案"（且是唯一的）。复制性的思维方式会使思想僵化，如果人们永远按照平常的思路去思考，得到的也将是永远平常的东西。

在物理学上，物体保持原有运动状态的性质称之为惯性。人的思维也是如此，总是沿着前人已经开辟的思维道路去思考问题。俗语也说"习惯成自然"，可见习惯行为是在久而久之的潜移默化之中养成的。习惯性思维又称思维定式，是沿着固定观念去思考问题的现象。

在我们的生活中，"人云亦云"的习惯性思维已经渗入了骨髓，创新思维相去甚远，给学习、生活带来了负面后果。通常情况下，习惯性思维有一定的存在空间和市场。习惯思维从表面上来看似乎是完美无缺的。但随着时间的推延，习惯思维的局限性和破绽就会一一暴露了。一旦遇到有悖常规的事理就会乱了方寸，或大惑不解或一筹莫展。如果想

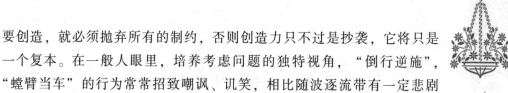

要创造，就必须抛弃所有的制约，否则创造力只不过是抄袭，它将只是一个复本。在一般人眼里，培养考虑问题的独特视角，"倒行逆施"，"螳臂当车"的行为常常招致嘲讽、讥笑，相比随波逐流带有一定悲剧色彩。

据说，西方一家著名软件公司在华机构招聘员工，上海交大有800多人应聘，最后只取1人；西安交大有2000多人报名，也只录用1人。参与招聘的人员说："现在的大学生太相像了，缺少个性。"这一说法耐人寻味。中国的孩子从幼儿园开始就注重考级拿证书，比的是在标准化的考试中，谁的级别高，而跨国公司注重的，是你有没有与众不同的东西。

在一个"科学与艺术展"上展出的中外学生作品，差异更是显而易见。中国学生的作品规格、样式都很相像，统一的A4纸，统一用蜡笔画，想象内容也大致雷同——不过是太空上有人类居住。而国外学生作品的内容、形式、规格却是五花八门，比如几堆废旧的报纸，被改造成了一棵年轮明晰的大树，极具表现力地展示了人与自然的关系，让人耳目一新。

前几年"超级女声"节目火爆后，全国许多省市电视台都一哄而起开办此类"选秀"；有了一条有趣的手机短信，连改都不改就不断复制、群发给亲友，诸如此类毫无创意的行为已成为潮流，已然成为创新的羁绊。

　　要有意识地掌握和在学习实践中运用多种形式的思维方法，以培养自己学会正向思维、逆向思维、想象思维、聚合思维、发散思维、直觉思维、逻辑思维等，这些方法的正确运用可以使我们灵活地搞好学习、拓展知识的范围，同时也是思维本身趋于灵活、扩大广度的实现。

不要被习惯性思维所奴役

创新思维是提倡多角度、更深入地思考问题，防止被习惯性的认识所蒙蔽。丹尼尔·高曼说："要想在事业上有所成就，将以有无创造性思维的力量来论成败。"

在创新活动中打破旧框框是创新的前提；在创新活动中连接其他事物是创新的起点；在创新活动中形成新概念是创新的关键；在创新活动中产生新设想是创新的保证；在创新活动中创造新物种是创新的目的。掌握获得真理性认识的手段和途径，学会科学地思维，全方位提高思维能力，更有效地按照美的规律去创造世界。

有这样一个故事：一个公司的董事长即将退休，他想挑选一位才智过人的接班人。经过一段时间的物色和观察，他挑出了班尼和威利作为最后的人选。碰巧的是，班尼和威利两人都擅长骑马。一天，董事长邀请他们两人到自己的农场。董事长牵着两匹同样好的马走出来，说："我知道你们都精于骑术，这里有两匹好马，我要你们比赛一下，胜利的一方将会成为我的接班人。"班尼和威利接过马后，不约而同地打量马的素质和衡量自己的技术。这时，董事长宣布比赛的规则："我要你们从这里骑马跑到农场的那一边，再跑回来。谁的马'慢'到，谁就是下一届的董事长！"班尼和威利顿时呆住了，两人心里奇怪："骑马比赛都是比速度，谁快谁就赢，怎么会比慢呢?"董事长见两人都张着嘴没说话，便说道："我再重复一次，这次比赛是比'慢'，不是比'快'。你们各就各位，我数三下开始。一、二、三，开始！"董事长发令，班尼和威利仍然站在原地，不知怎样做。过了好一会儿，班尼突然灵机一动，跳出习惯思维的束缚，迅速跳上威利的马，然后快马加鞭，向农场另一边跑去，却把自己的马留在原地。当威利想通是怎么一回事时，可惜已经太晚了。结果，威利的马最先到达终点，威利输了！董事长高兴地对班尼说："你可以想出有效创新的办法，这证明你有足够的才能继任我的职位。"

平常我们会想，骑马比赛都是比快，而不是比慢，因此我们可能会觉得这位董事长神经有问题，因为他不符合我们习惯的想法。然而，我们的正向思维又常常把我们带进一个误区，想当然地认为应该如何如何去处理事情，这样就难免陷入困境。只有遇事不墨守成规，麻烦与困难才能迎刃而解。候选人班尼能跳出这种习惯性思维，想出了胜利的妙计，因而获得了董事长一职。由此可知，惯性思维随时随地与我们同在，我们平常不知不觉就成为它的奴隶；然而当我们能够有所警觉时，就可以做它的主人。

习惯性思维，它存在于个人的精神世界里，是建立在个人对事物认知的基础上的，因人而异，除了一些放之四海皆准的真理，大多存在主观因素，所以往往根据主观的判断都会有局限性，而很多时候我们需要的是客观的分析。生活中，我们也常遇到一些困难的事情，但我们已习惯沿用前人的方法或经验去解决。但前人的经验和方法并不是在任何时候、任何事情上都会产生效果。这就需要我们善于打破常规，善于变通，才能灵活机智地处理事情。

思维指南针

　　要迫使自己去接触难事难题，或遇到难事难题绝不退缩，力争解决，赢得胜利。难事难题是你思维水平的试金石，也是开启思维大门的金钥匙，在这种状态下，人的思维能力被高度激发，坚持下去会有令人惊喜的收获。

　　不满足于已有收获，求新求异求活，变换角度，眼界为之一开，既显示出自己的独到，又锻炼了思维。

要敢打破权威桎梏

　　在学习或生活中，我们要敢于向权威说"不"。信任权威和就会像下面故事中那些买马的人，由于过度迷信身为权威的伯乐，而对那匹并不怎么优良的马给出了与之不符的价钱，即造成了经济丧失，又留下了千古笑柄。

一匹要卖的骏马，放于市三日，无人问津。而经伯乐相过的一"还"，一"顾"，"一旦而马价十倍"。顾客们原来不知道马的优劣，对久处集市的马视而不见；只因有威望的伯乐相马，人们就簇拥而至，争相购置。由此可见，人们是多么轻易盲目遵从权威啊！

原来，在那一群买马人中，必定不缺少养马、相马的高手。但是，他们不敢勇敢地猜忌权威，也就随着权威一起犯毛病。所以，只要有打破权威的禁锢，才敢于不断地改正过错。只有敢于向权威说"不"，不盲目信任、遵从权威，人类社会才会进步提高，社会能力不断地向前发展。

亚里士多德关于"物体越重，降落速度就越快"的观点影响了人们长达 2000 年之久。在这 2000 多年里，他的威望在人们心中打了一个结，没有一个人对此观点质疑。而伽利略就敢对此提出异议。就敢于向权威说"不"。凭着他不懈的尽力，终于确立了"自由落体学说"的观点。

华罗庚堪称数学界的权威。而年轻的陈景润就敢直言不讳地提出他的论著中的过错，敢于向威望说"不"，就是凭着这种不迷信权威的精力，他终于摘取了解出哥德巴赫猜想的皇冠。爱因斯坦说过："我鄙弃权威，上帝竟处分我成了一个权威。"

唯有这些敢于打破陋俗，勇于质疑陈规的人，才能在历史中脱颖而出，成为时代进步的先锋。打破常规，走出别人的脚印，另辟一条蹊径，你的人生也会因此不同。

 **思维指南针**

善于提出问题，把自己置于问题之中。"提出问题是解决的一半"，当有了问题时，思维才因呼唤而被激发起来，在解决问题的过程中创造性思维才得以发展。要勤提问，在预习、上课、复习、作业、考试时等都要勤于思考而且给自己提出问题，进行钻研；要敢于提问，又要善于提问，问题不能是简单的再现，而应是经深入思考的、具有启发性的，抓住核心和关键的。这样，学习就不是"记忆学习"，而是"发现学习"这种创造性解决问题的学习方式了。

善于创造不同凡响

马克思说"思维是智慧的花朵"。当年有幸凭借智慧逃出奥斯维辛法西斯集中营的犹太人父子俩，漂泊到美国休斯敦，做铜加工生意。父亲对儿子讲："我们现在唯一的财富就是智慧了，别人说一加一等于二时，你应该想大于二。"

一天，父亲问儿子："一磅铜的价格多少？"儿子答："35 美分。""对，"父亲说，"全得克萨斯州都知道每磅铜价是 35 美分，但我们应该说 3.5 美元。你试着把一磅铜做成门把手，看看是不是价格该成 3.5 美元。"

父亲死后，儿子独自经营铜器店。他用铜做铜鼓、做奥运会奖牌，他能把一磅铜加工升值卖到 3500 美元。他成了麦考尔公司董事长。

1974 年美国政府清理翻新"自由女神"像丢弃的废料，公开招标却数月无人应标。他闻讯从法国飞往纽约，实地察看堆积如山的铜块、螺丝、木料等废弃物后，当即签了清理合同。当时许多运输公司对他暗笑，要看他的笑话。而他立即组织人力对废料进行分类，把废铜熔化、铸成小"自由女神"像，把水泥块、木料加工成底座。俩月后这堆废料竟奇迹般变成 350 万美元。

充满智慧的思维，使一堆废料的价值翻了 100 万倍。

创造性思维，不仅产生有价值的财富，而且产生推动社会前进的动力。

王选是具有创新思维的科学家，更是科技产业化的开拓者和实践者。王选在欣赏索尼公司董事长井深大说过的一句话："独创，绝不模仿他人。"并进一步加以引申为："不模仿他人"的"独创"绝不意味着闭门造车，而是针对市场需要，在大量吸收前人成果和分析已有系统缺陷的基础上进行创造。"市场的'需要'和技术的'不足'是创造的源泉。"所以，他很早就提出"创新是高技术产业的灵魂"。

他认为，我国科研成果转化成商品的比例明显低于发达国家，其中一个重要原因是缺乏创新意识。有些科研成果是仿制国外市场上大量销售的产品，当费了很大力气做出样品时，国外新一代产品已经问世。尽管鉴定会上得到好评，诸如"达到某某年代国际水平"或"填补了国内空白"，但已经无法与国外新产品在市场上抗衡。

正是基于对创新价值的深刻理解，王选使我国的报业和出版业没有像其他国家那样经过二代机和三代机的历程，而是一步跳到先进的第四代激光照排，并在较短时间内大面积推广，大大提高了国产照排系统的市场竞争能力，从而使国外产品很难在中国有立足之地。

王选坦率地说："我在从事激光照排研究之初，并没有预见到后来的发展，但我有一个强烈意识，就是把汉字激光照排技术推向市场，实现商品化、产业化，彻底改造我国落后的出版印刷行业，振兴民族产业。正是这一目标，激励着我和同事们没有满足于科研成果获得大奖，而是百折不挠地走上了决战市场的道路。"

思维指南针

重视学习中遇到的一题多变的实例、一题多解的练习，以及一些培养灵活广阔思维习惯的益智游戏、智力题等。对这些问题，应视为可贵的锻炼机会，积极解答，还要想一想虽多变但"万变不离其宗"的是什么？多解的入手处有哪些选择路子？智力测验的答案使人拍案叫绝之处奥妙何在？

优秀的学生有好的思维方式

在竞争激烈的21世纪，瞬息万变的知识社会，思路决定出路，思维决定将来，没有良好的学习思维就无法适应激烈的社会竞争，学生对概念的认识、规律的掌握、知识的创新都源于自身学习思维的科学训练。学习思维的训练目的就是要挖掘大脑的无限潜能，培养多角度、多层次看问题的思维习惯。

有三个泥瓦工在砌一堵墙，一位哲人问三个人："你们在干什么？"一个人说:"砌墙。"第二个回答:"盖一栋楼。"第三个人回答:"我们正在建设自己的家园。"哲人听后拍了拍第三个人的肩头说:"今后你将是幸运的。"果然,许多年以后,第一个人依然是泥瓦工,第二个人成了工程师,第三个人成了前两个人的老板。

思想有多远,人就能走多远!成就是否杰出,成绩是否优秀,不是看你记住了多少书本知识,而是看你有没有远大的理想、有没有明确的目标、有没有一流的思维习惯和行为习惯!著名物理学家杨振宁教授则告诉我们:"优秀的学生并不在于优秀的成绩,而在于优秀的思维方式。"学生要提高自身的学习思维能力,除了平时学习那些成功人士的思考方式,并不断运用到自己的思考实践中来,还需掌握一定的学习思维训练方法,具体表现为:

1. 置身问题之中

要使自己的思维活跃起来,最有效的办法是把自己置身于问题之中。作为青少年,在学习的过程中,如在预习、上课、复习、作业、总结、课外活动时,甚至对考题的合理性,都要通过思考给自己提出问题,并进行钻研,这样学业才能大大长进。明代陈献章说得好:"小疑则小进,大疑则大进,疑者觉悟之机也。一番觉悟,一番长进。"

2. 坚持独立思考

学生在校学习,要注意克服依赖性,凡事要经过独立思考,付出脑力劳动,获取真知。独立思考在学习中的表现应当是:善于独立地发现问题、分析问题和解决问题,还能独立地检查判断学习结果的正误;同时不盲从、不轻信、不依赖,凡事都问个为什么,都经过自己头脑思考明白以后再接受。在自己没有独立想通之前,决不轻易死记死套现成的结果,海因里希·韦贝尔对其学生爱因斯坦说:"你是一个十分聪明的小伙子,可是你有一个毛病,就是你什么都不愿让任何人告诉。"在这里海因里希·韦贝尔老师说的"毛病",正是爱因斯坦可贵的优点——独立思考,正是这个优点,才使得爱因斯坦取得了划时代的发明创造。

3. 领会思维科学

了解思维科学，有利于提高思维的自觉性。对于青少年来说，要了解思维的基本形式，如什么是概念、判断、推理；了解思维的规律，如思维的同一律、矛盾律、排中律、对立统一、量变质变、否定之否定等辩证逻辑思维；了解分析、综合、比较、抽象、概括、分类、系统化、具体化、归纳、演绎等基本思维方法。只有领会思维的形式、规律和方法，才能在此基础上拓展思维的深度和广度。

思维指南针

在学习知识时注意思维过程的锻炼。即学习时需进行知识的分析与综合，需注意对多种知识的比较和所学知识的抽象、概括、具体应用，不是浮在所学知识的表层，而是深入其实质，真正弄懂并掌握知识，而这个过程需要思维的积极参与发挥作用。这样一方面巩固了知识，另一方面则抓住了本质、锻炼了思维，这对于开阔思路具有重要意义。

掌握天才的思维方法

天才的见解是如何产生的？爱因斯坦、爱迪生、达·芬奇、达尔文、毕加索、米开朗基罗、伽利略、弗洛伊德和莫扎特这样的天才们的思维方式有哪些特点？我们能从他们身上学到什么？

遇到问题的时候，我们通常会这样想："我在生活中学到的知识是这样教我解决这个问题的。"然后，就会选择出以经验为基础的最有希望的方法，排除其他一切方法。

而天才遇到问题的时候，会说："能有多少种方式看待这个？""怎样反思这些方法？""有多少种解决问题的方法？"他们常常能对问题提出多种解决方法，这些方法不仅不是传统的，并且是独特的。

他们运用创造性的思维，找到尽可能多的可供选择的解决方法，在考虑可能性最大的方法时也考虑了可能性最小的方法。重要的是主动挖掘所有方法，并以此为乐趣。

可以说天才的思维与生物进化相似，那就是同样需要对事物作出多种多样的无法预知的选择和推测。天才在众多的选择中保留最佳的思路，以便于进一步发展和交流。因此，青少年需要掌握一些创造不同思路的方法，而且要使创造不同思路的方法确实有效。

这些方法与策略使天才们产生了无数新奇而独到的见解。

1. 以多种角度考虑问题

天才往往产生于采取了某个其他人没有采取过的新角度。达·芬奇认为，为了获得有关某个问题的构成的知识，首先要学会如何从众多不同的角度重新构建这个问题。他不停地从一个角度转向另一个角度，重新构建一个问题。他对问题的理解随着视角的每一次转换而逐渐加深，最终他便抓住了问题的实质。事实上，爱因斯坦的相对论就是对不同视角之间的关系的一种解释。

2. 善于创造

天才的一个突出特点就是具有无限的创造力。爱迪生拥有1093项专利，这个记录迄今无人打破。他给自己和助手确立了提出新想法的定额，以此来保证创造力。他的个人定额是每10天一项小发明，每半年一项大发明。巴赫每星期都要创作一首大合唱，即使在他生病或疲倦时也不例外。莫扎特一生中创作了600多首乐曲。爱因斯坦最著名的作品是关于相对论的论文，但他还发表了另外248篇论文。

3. 进行独创性的组合

天才们进行的新颖组合比仅仅称得上有才的人要多。就像面对着一堆积木的顽皮儿童一样，天才会在意识和潜意识中不断地把想法、形象和见解组合并重新组合成不同的形式。爱因斯坦并未发现关于光的能量、质量或速度的概念，而是以一种新颖的方式把这些概念重新组合起来。面对与其他人一样的世界，他却能看到不同的东西。而雷戈·孟德尔是在综合了数学和生物学之后，提出了构成现代遗传学基础的遗传学法则。

4. 天才设法在事物之间建立联系

如果说天才身上突出体现了一种特殊的思想风格，那就是把不同的对象放在一起进行比较的能力。这种将没有关联的事物建立关联的能力，使他们能够看到其他人看不到的东西。德国化学家弗里德里·凯库勒梦到一条蛇咬住自己的尾巴，从而凭直觉理解了苯分子的环状结构。塞缪尔·莫尔斯在设法制造出强大的中心越过大洲大洋的电报信号时一筹莫展。一天，他看到拉车的马匹在驿站被换下来；于是，他由更换马匹的驿站联想到了电报信号的中继站。他终于找到了解决办法：每隔一段距离就把电报信号放大。

5. 从相对立的角度思考问题

物理学家和哲学家戴维·博姆认为，天才之所以能够提出各种不同的见解，是因为他们可以容纳相对立的观点或两种互不相容的观点。物理学家尼尔斯·玻尔认为，如果你把两种对立的思想结合到一起，你的思想就会暂时处于一个不定的状态，然后会发展到一个新的水平。这种思想的"悬念"，使思考能力之上的智力活跃起来，并创造出一种新的思维方式。对立思想的纠结缠绕为新观点的奔涌而出创造了条件。玻尔发现并协原理的能力来源于他把光想象成一种粒子和一种波。爱迪生发明的实用照明装置就需要在灯泡中把并联线路与高电阻细金属丝相结合。因为爱迪生能够允许两种互不相容的事物同时存在，他就能够看到一种他人看不到的关系，从而有所突破。

那些能够在两种不同类事物之间发现相似之处，并把它们联系起来的人具有特殊的才能。如果相异的东西从某种角度看上去确实是相似的，那么，它们从其他角度看上去可能也是相似的。亚历山大·格雷厄姆·贝尔把耳朵的内部构造理解为一块极薄的能够振动的钢片，并由此发明了电话。

6. 对变化有所准备

当我们试图做某一样事情而失败的时候，就会去做另一样事情。这就是在不经意之中有所创造的一个原则。

亚历山大·弗莱明发现了细菌，但他并不是第一位注意到暴露在空气中的培养基上会生出霉菌的医生。天分不如他的医生会忽视这种看似无关紧要的现象，而弗莱明却认为这"很有趣"，并且想知道这种现象是否有利用的可能。对这种"有趣"现象的观察最终产生了青霉素。在思考如何制作碳丝的时候，爱迪生无意中把一根绳子在手指间绕来绕去。当他低头看手的时候，顿时眼前一亮：把碳像绳子一样缠绕起来。

美国心理学家伯尔休斯·斯金纳强调，科学方法论学者的一个重要原则是：当你发现某样有趣的事物时，放弃所有其他的事情，专心研究这个事物。太多的人没能理睬机会的敲门，因为他们不愿不完成事先做好的计划。天才们不是等待馈赠，而是去主动地寻求偶然的发现。

 **思维指南针**

> 课堂学习中，老师常把书本上似乎明晰的知识表述变成了一些引导性的问题，用"设问"的方式展开富有悬念的教学。这时，一方面要积极跟从老师解决问题获得知识结论，另一方面也要围绕老师能够对这一知识提出问题的思路、思维方式加以领会，并学习和仿效老师的方式对后面知识提出问题，逐渐训练自己引发思维、展开思维的能力，这样从老师处既学得知识又学得思维方式。

中小学生思维能力的提高

链接一

创新思维能力测试

下面是 10 个题目，如果符合你的情况，则回答"是"，不符合则回答"否"，拿不准则回答"不确定"。

1. 你认为那些使用古怪和生僻词语的作家，纯粹是为了炫耀。（　　）

2. 无论什么问题，要让你产生兴趣，总比让别人产生兴趣要困难得多。（　　）

3. 对那些经常做没把握事情的人，你不看好他们。（　　）

4. 你常常凭直觉来判断问题的正确与错误。（　　）

5. 你善于分析问题，但不擅长对分析结果进行综合、提炼。（　　）

6. 你审美能力较强。（　　）

7. 你的兴趣在于不断提出新的建议，而不在于说服别人去接受这些建议。（　　）

8. 你喜欢那些一门心思埋头苦干的人。（　　）

9. 你不喜欢提那些显得无知的问题。（　　）

10. 你做事总是有的放矢，不盲目行事。（　　）

评分标准：

题号	是	不确定	否
1	−1	0	2
2	0	1	4
3	0	1	2
4	4	0	−2
5	−1	0	2
6	3	0	−1
7	2	1	0

8	0	1	2
9	0	1	3
10	0	1	2

测试结果：

22 分以上

说明被测试者有较高的创造思维能力。

21～11 分

说明被测试者善于在创造性与习惯做法之间找出均衡，具有一定的创新意识。

10 分以下

说明被测试者缺乏创新思维能力，属于循规蹈矩的人，做人总是有板有眼，一丝不苟。

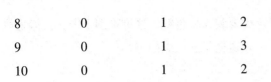

游戏乐园一：创新思维训练

1. 两枚古钱币

有个人收购了两枚古钱币，后来又以每枚 60 元的价格出售了这两枚古钱币。其中的一枚赚了 20%，而另一枚赔了 20%。

问：与当初他收购这两枚古钱币相比，这个人是赚了，赔了，还是持平？

2. 最后一个字母

英语表的第一个字母是 A，B 的前面当然是 A，那么最后一个字母是什么？

3. 分蛋糕的卡比

蛋糕房里的伙计卡比一天收到了一份奇怪的订货单：定做 9 块蛋糕，装在 4 个盒子里，每个盒子里至少要装 3 块蛋糕。这可难倒了卡比，但最终他还是给了顾客满意的答复。你知道他是怎么做的吗？

4. 升斗的妙用

一个长方形的升斗，它的容积是 1 升。有人也称之为立升或公升。现在要求你只使用这个升斗，准确地量出 0.5 升的水。应该怎么办才能做到呢？

5. 隧道里的火车

两条火车隧道除了隧道内的一段外都是盘旋铺设的。由于隧道的宽度不足以铺设双轨，因此，在隧道内只能铺设单轨。

一天下午，一列火车从某一方向驶入隧道，另一列火车从相反的方向驶入隧道。两列火车都以最高速度行驶，但它们并未相撞，这是为什么？

6. 三家分苹果

有张三、王四、李五 3 家，商定 9 天之内每家各打扫 3 天楼梯。由于李五家有事，没能打扫成，而由张三家打扫了 5 天，王四家打扫了 4 天。李五家买了 9 斤苹果以表谢意。

问：按张三、王四家所付出的劳动，应该怎样分配这 9 斤苹果？

7. 老板损失了多少

有个人在 A 店铺买了 90 元的东西，然后交给店铺老板一张 100 元的钞票。由于店铺老板正好没有零钱可找，便到隔壁 B 店铺兑换了零钱，找给这个人 10 元钱。

过了一会儿，B 店铺老板发现这张 100 元的钞票是张假钞，便找到 A 店铺老板要求赔偿。A 店铺老板无奈，只好又赔偿了 B 店铺老板 100 元钱。过后，A 店铺老板非常气恼，认为自己损失了 200 元。而 B 店铺老板安慰他说，只损失了 10 元。

问：究竟 A 店铺老板损失了多少钱？

8. 大苹果与小苹果

有两筐各 30 千克的苹果要卖。其中，一筐大苹果每 2 千克卖 6 元，另一筐小苹果每 3 千克卖 6 元。这时有个人过来说："这样分开卖，还不如搭配着卖。2 千克大苹果搭配 3 千克小苹果，一共卖 12 元。"卖苹果的认为这个建议合理，就开始搭配着卖。于是这个人又说："那我就全买了。5 千克搭配苹果 12 元，60 千克为 12 × 12 = 144 元"。

卖完苹果后，卖苹果的人发现上当了。

问：卖苹果的人怎么上当的？

9. 寻找戒指

当你把 9 个外形完全相同、重量完全相等的包裹都封好口后，发现你的一枚戒指掉在其中一只包裹里了。而你不想把所有的包裹都打开。只称两次，你能确定戒指在哪只包裹里吗？

10. 奇怪的人

有一栋大厦，高 10 层。一个住在 10 楼的人经常出门，她有一个奇怪的习惯，每次下楼都会乘电梯，上楼则几乎从不搭电梯，而且每次都会在一楼东张西望，如果看见没有人，就爬楼梯上去。想想看，这个人为什么会有这样奇怪的行为？

11. 都等于 2 吗？

8 减 6 等于 2，但有人说 8 加 6 的结果仍然等于 2。有这回事吗？

12. 同一款服装

名模王小姐每次出门都要精心打扮一番。她明明穿的是尚未发布的新款服装，可有人竟然和她穿了一件一模一样的衣服，这是怎么回事？

13. 不明白的训话

某公司经理在开会时对全体员工训话："今天早上我发给各位的文件是

我亲笔写的。我最想说的就是用红笔写的部分，明白吗？"

但每个员工听完后都一脸茫然，这是为什么？

14. 猜物品

如果你在那个东西的前面，那么你就在那个东西的里面；如果你在那个东西的里面，那么你就在那个东西的前面。请问，提到的那个东西是什么？

15. 闹钟没有错

小徐的爸爸喜欢收藏一些稀奇古怪的东西。有一次，小徐进爸爸的书房，看见桌子上的时钟显示 12 点 11 分。20 分钟后，他又到爸爸的书房去，却看到那个时钟现在显示的是 11 点 51 分。他觉得很奇怪，在 40 分钟后又去看了一次钟，发现时钟显示的是 12 点 51 分。这段时间并没有人去碰过时钟。为什么爸爸会用这么一个钟看时间呢？

16. 谁是最先进驻的

通常，一片住宅区盖好时，最先进驻的往往是生活中不能缺少的银行和超市等。但有一个东西早在这些进驻之前就已经存在了，又必须等到所有住户到齐后才会变得整整齐齐。它既不是住宅区中的广告牌，也不是工地上的施工单位，那么究竟是什么呢？

17. 最快的办法

老师把两种透明而又不相混的无色液体同装在一个烧瓶里，问学生："已知其中的一种是水，但不知道在哪一层，你们谁能想一个最简便的方法分辨出来？"

18. 考爸爸

小民考爸爸："有两个家庭，家人都在身边，爸爸可以马上面对每家人，但是家人之间却很难面对面。"

这是一个什么样的家庭？

19. 不会模仿的动作

动物园里，有一只猴子特别喜欢模仿人的动作。人们看它的姿势、手势，就可以知道自己的现状。比如，你用右手摸自己的下巴，猴子也会用右手摸下巴；你闭上左眼，猴子也会闭上左眼；你再睁开左眼，猴子也能立刻照办。

可驯养员说："猴子再有本事，有一个简单的动作它却永远也不会模仿。"请问，到底是什么动作那么难呢？

20. 聪明的小孩

有一次，国王问身边的大臣："王宫前面的水池里共有几桶水？"大臣们面面相觑，谁也回答不上来。国王非常恼怒。这时，有一个大臣说："听说城东门有个孩子很聪明，人们都叫他'小神童'，可以把他叫来问问。"

于是国王就派人把那个孩子找了来。那个孩子听完国王提出的问题，马上就说出了答案，国王满意地点了点头。

你知道这个孩子是怎样回答的吗？

21. 取出樱桃

图中有一个用火柴棒拼成的杯子，杯子内放着一颗晶莹剔透的樱桃。如果你想吃到这颗樱桃，只需移两根火柴，就能把樱桃从杯子中取出来。你知道应该怎么移吗？

22. 加火柴

请在图中增加一根火柴，使下边的式子成立。

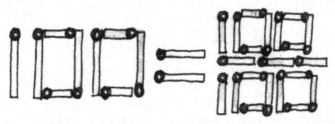

23. 改变楼高

图中是一栋一层楼高的房子，如果要建成两层高的楼，至少需要移几根火柴呢？

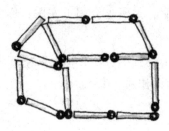

24. 添一根火柴

如图所示，将火柴摆成"V"字形。请你再添一根火柴表示数字1。

逻辑思维——山光水色总相依

认识逻辑的概念

逻辑思维的基本形式是概念、判断和推理。概念的形成往往要通过一定的判断和推理过程。判断是肯定或否定概念之间的联系关系，而判断的获得通常又需要通过推理。这几个思维形式是互相联系的。

1. 概　念

概念是人脑对事物的一般特征和本质属性的反映。

概念是在抽象概括的基础上形成的，因此，概念是反映事物的本质属性的，而不反映事物的非本质属性。

例如，关于"鸭子"的概念，只反映鸭子扁嘴，短颈，足有蹼，船形体态，喜游水等本质属性，而不反映其颜色、大小、肥胖等非本质属性。

柏拉图说："人是无羽毛之两足动物。"但有人就拿来一个拔了毛的鸡向他质问。假如人插上了羽毛会不会变成鸡呢，或者人本来也就是一只被拔了毛的鸡而已。

2. 判　断

判断是指人的大脑两半球凭借语言的作用，反映事物的情况或事物之间的关系的过程。

人在头脑中通过判断的过程所达到的结果，也叫做判断。可见，判断一词具有两种含义：一种是指人脑产生判断的思维过程，另一种是指人脑经过判断过程所产生的思想形式。

判断是通过肯定或否定来断定事物的，肯定或否定是判断的特殊本质。

人们在判断中不是肯定某种事物的存在，就是否定某种事物的存在；

不是肯定某种事物的价值，就是否定某种事物的价值；不是肯定某些事物之间的某种关系，就是否定某些事物之间的某种关系。

人在判断的独立性和机敏性方面会表现出很大的个体差异。

例如，有的人凡事优柔寡断，习惯于人云亦云；有的人遇事当机立断，决不盲从附会。判断的独立性和机敏性主要取决于进行判断所必须依据的有关知识和经验。

判断可以分为简单判断和复合判断、模态判断和非模态判断等。

3. 推　理

推理，实际上就是人脑凭借语言的作用，通过对某些判断的分析和综合，以引出新的判断的过程。逻辑推理的学习方法是对已知知识的引伸和发展而获得新知识，其思维过程是从抽象的思维到实践，也就是从抽象上升到具体的思维活动。这两种学习方法的思维活动是相反而相成的，它们构成了一个比较完整的学习结构。

也就是说，已有的概括性认识和有关材料或事实，是人在头脑中进行推理时所必须依据的前提；对过去的推断或对未来的预测，是在头脑中经过推理所得到的结论。

判断看起来似乎要比推理简单得多，其实很多的判断都是推理的结果，所以，实际推理是思维最基本的形式。

　　学习中善于对知识进行抽象、概括。通过几年的学习，把每门课的若干本书变成几页纸。这就要善于学习，善于总结、归纳，提炼出精髓、纲要。不必要也不应当一股脑儿将全部所学知识"生吞"下来，几年下来搞得课本、笔记、作业本、参考资料一大堆，学习效果反而不好。

迈进推理的殿堂

夏洛克·福尔摩斯是英国小说家阿瑟·柯南·道尔所创造出的侦探，《福尔摩斯探案全集》被推理迷们称为推理小说中的"圣经"，是每一个推理迷必备的案头书籍。从《血字的研究》诞生到现在的一百多年间，福尔摩斯头脑冷静、观察力敏锐，推理能力更是无人能及。他打遍天下无敌手，影响力早已越过推理一隅，成为人们心中神探的代名词。人们都渴望像他那样去推理。

他通常都悠闲地在贝克街221号，抽着烟斗等待委托上门。一旦接到案子就立刻会变成一只追逐猎物的猎犬，开始锁定目标，将整个事件抽丝剥茧、层层过滤，直到最后真相大白！

对于推理，他曾有如下论述：对于一个真正的推理家而言，如果有人指给他一个事实的其中一个方面，他不仅能推断出这个事实的各个方面，而且能够推断出由此将会产生的一切后果。正如居维叶经过仔细思考就能根据一块骨头准确地描绘出一头完整的动物一样。一个推理家，既已透彻了解一系列事件中的一个环节，就应能准确地说出前前后后的所有其他的环节。我们还没到只要掌握理性就能获得结论的地步。问题只有通过研究才能获得解决，想仅仅依靠知觉解决问题，最后一定会失败的。不过，要使这种才能发挥到极致，推理家就必须善于利用他已经掌握的所有事实。这就意味着推理家要掌握渊博的知识。

人类的思维是复杂的，推理这种思维过程也有多种形式，可以分为归纳推理和演绎推理。归纳推理是从特殊事例到一般原理；演绎推理是从一般原理到特殊事例。

推理的技巧有以下几种：

1. 计算推导

计算推导是逻辑推理过程中最基本的方法。我们每个人从小学开始就学会计算，但是对于计算的用处究竟有多大，能够透露出多少隐藏在问题背后的信息，就不是人人都清楚的了。事实上，计算和其他推理技巧一样，都是人们进行逻辑推理时最基本、最可靠的工具，特别是在运用代数的方法来解决问题时，它往往能暴露问题的本质，使我们得出充足、可靠的结论。这里只想再提醒你一点，计算推导一定要完备，不能漏掉任何一种情况，哪怕这种情况的出现是如此的不正常。

2. 演绎推导

演绎是一种由一般到个别的推理方法。在演绎推理过程中，前提和结论之间的联系是必然的，结论不能超出前提所断定的范围。对于一个正确的演绎推理过程，如果其前提是真的，则所得到的结论也一定是真的，这是演绎推理的一个重要特征。

演绎推理中有一种特殊的方法，称为递推。就是利用研究对象之间的联系，用前一步的结论去推导下一步的结论，以达到简化问题的目的。递推是一种非常有效的思考方法，它有点像多米诺骨牌，推倒第一块以后，后面的骨牌就会依次倒下。如果能够熟练运用递推技巧，你会发现，许多看上去很难的题目也可以轻松地找到答案。

3. 反向思考

反向思考是解决逻辑推理问题的一种特殊方法。任何一个问题都有正反两个方面。很多时候，从正面解决问题相当困难，这时如果从其反面去想一想，常常会茅塞顿开，获得意外的成功。

在进行逻辑推理时，有时已知的条件很多，能够运用的逻辑关系也很复杂，要从众多的可能性中寻找所需要的结果，往往是非常困难的。这时，可以运用反向思考方法，从结果出发，排除掉一些不可能的情况，使剩下的情况减少，便于最后的分析。如果情况减少到一定程度，甚至可以用穷举的方法，依次考察所有情况，从而找到问题的答案。

4. 图表分析

在逻辑思考过程中有这样一些问题，所涉及或所列出的事物情况比较多，而且又具有一定的表列特征，这时候如果把它转化成一个直观易读的图形或者表格，就会非常容易地迅速寻找到答案。图表会指出一些逻辑关系链，它们限制了选择的可能性，使得人们需要考虑的情况得到极大简化。假如不利用图表的帮助，单凭想象，则往往容易产生混乱，难于理清头绪。

除了用图表来展现看到的问题以外，有时候还需要研究别人提供的图表。这时，看出图像的本质就很重要了。有一种常见的方式剥出图像的本质，那就是染色。所谓染色，就是将研究对象按照一定的要求涂上颜色来解决问题。实质上，染色就是利用图形和颜色来进行分类，从而更加直观地显现出问题的本质。

5. 思维变换

在逻辑推理过程中，人们经常需要改变自己的思路，也就是进行思维变换，它往往可以使问题变得更容易解决。其中，有两种重要的思维变换技巧：对应和转化。

所谓对应，就是将两类元素一一对应，从而把需要解决的元素，变换成与其相对应的另外一些元素。对应可以使不用去处理问题中较复杂的部分，从而达到简化问题的效果，使问题的解决更方便一些。

转化就是将一个问题转变成另外一个问题来加以解决。和对应有些类似，转化也运用了一一对应的方式，差别在于它更偏重于把整个问题都转化为另一个问题。通常情况下，是将复杂的问题转化为较简单的问题，或者是将一个未解决的问题转化为一个已经解决的问题。

 思维指南针

学习中对各科知识的层次应进行分类。对基本概念要掌握和熟练运用，使之变为常识性的东西；对于规律性的东西要深刻领会并广泛运用，以这些作为本科目知识的主干；对于具体运用知识的内容如练习、复习题、参考资料等，则配合对概念、规律性内容的加深理解进行训练，不必多占头脑中的空间。

借鉴其他人、其他书关于某一科目知识的抽象概括，使之纳入自己的知识结构。日常应从小知识、小问题做起，以训练自己语言的简练、概括性入手，从而逐步提高思维的抽象概括能力。

重视途径和方法

任何问题都有解决的方法，方法和问题是一对孪生兄弟，世上没有解决不了的问题，只有不会解决问题的人。问题是失败者逃避责任的借口，因而他们永远不会成功。而那些优秀的人不找借口找方法，把问题当成机会和挑战，因而成为成功者。所以，当你遇到问题时，应坦然面对，勤于思考，积极转换思路，寻求问题的解决方法，最终你会发现：问题再难，总有解决的方法，方法总比问题多。

灵活使用逻辑：有逻辑思维能力不等于能解决较难的问题，要有使用技巧。学数学可知，解题多了，你就知道必须出现怎样的情况才能解决问题。

参与辩论：思想在辩论中产生，包括自己和自己辩论。

坚守常识：多多掌握日常生活中的知识，有助于正确做出判断。

昆虫学家法布尔出版的《昆虫记》，使他与进化论的达尔文、遗传学的孟德尔齐名，他们对近代生物学做出了巨大的贡献。

他在法国南部的舍尼安村生活，过着隐居者般的生活，只潜心于昆虫的观察和研究。有人称赞他是"像哲学家一般思索、像艺术家一般观察、像诗人一般表现的伟大学者"。

当法布尔埋头于《昆虫记》的执笔时，村里发生了一件事。

在一个夏日的午后，他在村尽头的草原，观察蜣螂的生态。正好卡谬巡警从这里经过，他是这个村里派出所的巡警。

"法布尔先生，这么热的天，还在埋头研究呀，今天研究什么？"他来到法布尔身边，像看稀奇似的。

"先生，这个昆虫滚的小团子是什么？"

"羊粪。"

"啊？真脏。"

"蜣螂非常喜欢把家畜的粪便滚成团吃。它这个大肚汉与小小的身体很不相称。它是自然界的清洁工。怎么？有趣吗？"

平时不喜欢和人交往的法布尔，却奇妙地与卡谬投缘。因为法布尔刚到村里的时候，卡谬巡警曾把在林中采集昆虫的法布尔，误认为偷猎者逮捕过。从那以后，他对法布尔怀有圣人般的敬畏和亲切感。

卡谬巡警对蛞螂，马上就看腻了。他在附近树荫坐下，摘下帽子擦去脸上的汗水。

法布尔还在炎热的阳光下，一动不动地观察。

卡谬巡警用烟斗抽着烟说："先生，认识葡萄园主贝尔那尔吗？"

"听说过，是个钱币收藏家。"

"那家伙也是个非常古怪的人，收集不能使用的外国古钱币。有什么乐趣呢？他还在书房里养了一只猫头鹰。这种不吉利的鸟有哪点可爱呢？谁知道，今天早上那只猫头鹰被杀了，肚子也被割开。"

卡谬巡警并没期待法布尔回答，继续讲着："昨晚，贝尔那尔的家里住进一位客人。是从马赛来的客人，叫留巴洛。他也是钱币收藏家，来给贝尔那尔看日本古钱币。两人在书房里互相观看引以自傲的收藏品时，留巴洛先生忽然发现带来的日本古钱币不见了三个。"

"被小偷偷去了吗？"

"不，书房里只有他们两个人。所以肯定是贝尔那尔偷去了，留巴洛先生也这样怀疑。在他追问下，贝尔那尔当场脱去衣服，自愿接受搜身，不用说，没找到银币。书房也找遍了，仍然没找到。"

卡谬巡警仿佛自己亲临现场验证过似的。他是个年轻的爱说话的警官。

"贝尔那尔偷银币时，留巴洛没看见吗？"

"是呀，他说自己正用放大镜一个一个地观赏贝尔那尔的收藏品，完全没注意。不过，那段时间贝尔那尔一步也没离开书房，窗户也关着，不可能把偷的银币藏到书房外面。"

但法布尔推理出罪犯是贝尔那尔。作为昆虫学家，他知道猫头鹰有个习性，它抓住老鼠和小鸟后囫囵吞下，没有消化的骨头随粪便排出。贝尔那尔把三枚银币裹在肉中让猫头鹰吞下。猫头鹰夜间活动，夜间吃食，而且囫囵吞食，很容易吞进裹着银币的肉。第二天一早，排出没有消化的银币后，贝尔那尔捡来藏起，因此留巴洛解剖猫头鹰时，肚里已没有银币了。

敢于质疑：合理的思考方式是人们在思索、解决问题过程中常用的方式。它普遍存在于解题过程之中，它具有两个特点：合理性与普遍性。它既适于解决纯粹的数学题，也适于解决以非数学题形式呈现的各种问题。合理的思考方式主要通过"观察、思考、猜测、交流、推理、证明"等思维的活动来实现对问题的解决，运用这种思考方式有利于培养学生解决问题的能力。

某些普遍并且强有力的思考方式，如直观判断、归纳类比、抽象化、逻辑分析、建立模型、将纷繁的现象系统化（公理化的方法）、运用数据进行推断、最优化等，用这些方式思考问题，可以更好地了解周围的世界，具有科学的精神、理性的思维和创新的本领；有助于充满自信和坚韧，解决实际问题。

掌握及运用解决问题的步骤和方式是培养解决问题能力的重要手段。

生活中，无论何事，总有人能提出不同的解决办法。而分析解决问题的多样化，又是扩展思路、提高灵活思考能力的催化剂。

如何找到解决自己遇到的每一个问题的方法，才是关键。这其实也是很多时候别人无法完全教与我们的。

所以，要解决问题，首先要对问题进行正确届定。所以，必须先要找准标靶——问题到底是什么，只有认清了问题的本质，才能切实有效地去找解决途径，才不会偏离方向和南辕北辙。

同时，一个问题可能会有多种解决方式，但什么才是最有效的方式，这也是核心所在。所谓"条条大路通罗马"，但总有一条是最便捷的。如果仅仅停留在只要能解决问题，管他什么方法的基础上，那么必然无法达到事半功倍的效果，因为有些方法效率和效益低下，甚至还有些是损害和违背某些利益的，那么用这样的方法解决问题，只能适得其反。唯有比较三思，权衡利弊，找到最好的方法，才能获得最佳效果。而要达到这个境界，显然非一日之功。没有创新的思维、丰富的阅历、扎实的积淀、深厚的能力、健康的心态、沉着的胸怀，是很难达到炉火纯青、应用自如的高度。这也是为什么有些人可以成功，而有些人却永远原地踏步的原因所在。

正确的钥匙，只有为合适的人所用，才能开启成功的大门。这就像握着钥匙，还要懂得"芝麻开门"的暗语。

在每门课的学习过程中有意识地进行知识归类，进而就学科间知识相关的内容建立联系。如数学中的正数、负数、虚数、实数、奇数、偶数等，将其归到一起，进行区别、联系，既明确了学到哪些有关数的概念，又能使自己准确地运用这些概念。有些相关联、相似而实不同的公理、定理、公式等也可如此，其他学科中也可如此。跨学科间如政史地、数理化之间有些知识的迁移很有必要，也可注意去归类掌握。

链接二

逻辑思维能力测试

1. 大象是动物，动物有腿。因此：
   大象有腿。

2. 小雅还未到法定选民的年龄，小雅有着漂亮的头发。所以：
   小雅是个未满 18 周岁的姑娘。

3. 这条街上的商店几乎没有霓虹灯，但这些商店都有遮篷。所以：
   a. 有些商店有遮篷没有霓虹灯。

   b. 有些商店既有遮篷又有霓虹灯。

4. 所有的 A 都有一只眼睛，B 有一只眼睛。所以：
   A 和 B 是一样的。

5. 土豆比西红柿便宜，我的钱不够买两斤土豆。所以：
   a. 我的钱不够买一斤西红柿。

   b. 我的钱可能够，也可能不够买一斤西红柿。

6. 小张是个和小林一样强的运动员，小林是个比大多数人都要强的运动员。所以：
   a. 小张应是这些选手中最出色的。

b. 小林应是这些选手中最出色的。

c. 小张是个比大多数人都要强的棒球击球手。

7. 水平高的音乐家演奏古典音乐，要成为水平高的音乐家就得练习演奏。所以：

演奏古典音乐比演奏爵士乐需要更多的练习时间。

8. 如果你的孩子被宠坏了，打他屁股会使他发怒，如果他没有被宠坏，打他屁股会使你懊悔。所以：

a. 打他屁股要么使你懊悔，要么使他发怒。

b. 打他屁股也许对她没有什么好处。

9. 正方形是有角的图形，这个图形没有角。所以：

a. 这个图形是个圆。

b. 无确切结论。

c. 这个图形不是正方形。

10. 格林威尔在史密斯城的东北，纽约在史密斯城的东北。所以：

a. 纽约比史密斯城更靠近格林威尔。

b. 史密斯城在纽约的西南。

c. 纽约离史密斯城不远。

11. 绿色深时，红色就浅；黄色浅时，蓝色就适中；但是要么绿色深，要么黄色浅。所以：

a. 蓝色适中。

b. 黄色和红色都浅。

c. 红色浅，或者蓝色适中。

12. 如果你突然停车，那么跟在后面的一辆卡车将撞上你；如果你不这样做，你将撞到一个妇女。所以：

a. 行人不应在马路上行走。

b. 那辆卡车车速太快。

c. 你要么让后面那辆卡车撞上，要么撞到那个妇女。

13. 我住在农场和城市之间，农场位于城市和机场之间。所以：

a. 农场到我住处比到机场要近。

b. 我住在农场和机场之间。

c. 我的住处到农场比到机场要近。

14. 聪明的赌徒只有在形势对他有利时才下赌注，老练的赌徒只有在他有大利可图时才下赌注，这个赌徒有时去下赌注。所以：

    a. 他如果不是老练的赌徒，就是聪明的赌徒。

    b. 他可能是个老练的赌徒，也可能不是。

    c. 他既不是老练的赌徒，也不是聪明的赌徒。

15. 当 B 等于 Y 时，A 等于 Z；当 A 不等于 Z 时，E 要么等于 Y，要么等于 Z。所以：

    a. 当 B 等于 Y 时，E 不等于 Y 也不等于 Z。

    b. 当 A 等于 Z 时，Y 或者 Z 等于 E。

    c. 当 B 不等于 Y 时，E 不等于 Y 也不等于 Z。

16. 当 B 大于 C 时，X 小于 C 但 C 绝不会大于 B。所以：

    a. X 绝不会大于 B。

    b. X 绝不会小于 B。

    c. X 绝不会小于 C。

17. 只要 X 是红色，Y 就一定是绿色；只要 Y 不是绿色，就一定是蓝色。但是，当 X 是红色时，Z 绝不会是蓝色。所以：

    a. 只要 Z 是蓝色，Y 就可能是绿色。

    b. 只要 X 不是红色，Z 就不可能是蓝色。

    c. 只要 Y 不是绿色，X 就不可能是红色。

18. 有时印第安人是阿拉斯加人，阿拉斯加人有时是律师。所以：

    a. 有时印第安人不见得一定是阿拉斯加人或律师。

    b. 印第安人不可能是阿拉斯加人或律师。

19. 前进不见得死得光荣，后退没死也不见得是耻辱。所以：

    a. 后退意为死得光荣。

    b. 前进意为不死就是耻辱。

    c. 前进意为死得光荣。

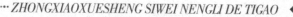

评分方法：

1. 是

2. 否

3. a 否　b 是

4. 否

5. a 否　b 是

6. a 否　b 否　c 是

7. 否

8. a 是　b 否

9. a 否　b 否　c 是

10. a 否　b 是　c 否

11. a 否　b 否　c 是

12. a 否　b 否　c 是

13. a 否　b 否　c 是

14. a 是　b 否　c 是

15. a 是　b 否　c 否

16. a 是　b 否　c 否

17. a 否　b 否　c 是

18. a 是　b 否

19. a 否　b 否　c 否

答错 1 题得 1 分，答漏 1 题也得 1 分，将得分相加就是你的成绩。

测试结果：

0～13 分，逻辑思维能力优秀。

14～19 分，逻辑思维能力良好。

20～25 分，逻辑思维能力中等。

26～45 分，逻辑思维能力不佳。

游戏乐园二：逻辑思维训练

1. 猴子分苹果

有 5 只猴子约好一起在海滩上分苹果。有一只猴子比规定的时间来得早了。它左等右等，也不见其他几只猴子的踪影，于是索性把苹果分成 5 堆，每堆苹果的数量相同，不过最后还剩下一个苹果。它想了想，随手把多出来的苹果扔到了大海里，自己拿走了其中的一堆。一会儿，第二只猴子来了，它又把苹果分成 5 堆，最后也多出了一个，它同样把多出来的苹果扔掉了，并且也拿走了一堆苹果。以后其他 3 只猴子也按相同的方法拿走了属于各自的苹果。

请问：原来至少有多少个苹果？最后至少剩下多少个苹果？

2. 倒了多少牛奶和水

库房里有两只桶，A 桶里盛着矿泉水，B 桶里盛着牛奶。由于牛奶乳脂含量过高，必须用水稀释后才能喝，所以现在工作人员将 A 桶里的水倒入 B 桶中。经过这样的混合后，B 桶中牛奶的体积翻了一番。接着，工作人员又把 B 桶里稀释过的牛奶倒进 A 桶，这样 A 桶里液体的体积也翻了一番。最后，工作人员再次将 A 桶中的液体倒进 B 桶中，使 B 桶中液体的体积翻番。

这时，两只桶里盛有的液体是等量的，而在 B 桶中，水要比牛奶多出 1 加仑。现在请问：开始时有多少水和牛奶，最后每只桶里又有多少水和牛奶？

3. 新的电话号码

我的记性不太好，但这次新买的号码没费什么劲儿就记住了。它有三个特点：首先，原来的号码和新换的号码都是 4 个数字；第二，新号码正好是原号码的 4 倍；第三，原来的号码从后面倒着写正好是新的号码。

你知道我的新电话号码究竟是多少吗？

4. 飞行的距离

有一列火车以 15 千米/时的速度从北开往南，另一列火车以 20 千米/时的速度从南开往北。如果有一只苍鹰以 30 千米/时的速度和两列火车同时出发，从北出发，碰到另一列车后返回，之后轮流在两列火车间往返，直到两列火车相遇。请问：这只苍鹰飞了多远？

5. 分牛

从前，有一个农夫，死前留下一封遗书。他在遗书中这样写道："将我所有牛的一半和半头牛分给妻子，剩下的牛的一半和另外半头牛留给长子；再将未分配的牛的一半和半头牛分给次子，最后将每次剩下的牛的一半和另外半头牛留给长女。"

聪明的妻子和孩子们按照农夫的遗愿，没有杀掉任何一头牛，就圆满地将牛分配给了每一个人。请问：这个农夫死后到底留下了多少头牛？

6. 多少级台阶

有一次，爱因斯坦和朋友在咖啡厅里喝咖啡，他问朋友："假设你前面有一条长长的阶梯，如果你每步跨两个台阶，最后就剩一级台阶；如果你每步跨三级台阶，最后就只剩下两级台阶；如果你每步跨六级台阶，那么最后就剩下五级台阶；只有当你每步跨七级台阶时，最后才正好走完这条阶梯。"

请你帮爱因斯坦的朋友想一想，这条阶梯到底有多少级台阶呢？

7. 罗蒙诺索夫的生卒年份

生活在 18 世纪的罗蒙诺索夫是俄罗斯伟大的科学家。你能从下面列出的条件中，判断出他的生卒年份吗？

他出生年份的四个数字相加等于 10，并且个位数字与十位数字相同。

他逝世年份的四个数字相加等于 19，如果该年份的十位数字除以个位数字，那么商数是 1，余数也是 1。

你能计算出来吗？

8. 多少坛酒

有一次，宋朝的大科学家沈括去一家酒店喝酒。店主人认识沈括，走上前对他说："听说您是名满天下的奇才，我有一个问题向您请教。您能快速地算出我的店里一共存了多少坛酒吗？"

沈括顺着店主人手指的方向一看，只见墙角整整齐齐地堆着7层酒，最上面的一层有 4×8 坛，第二层有 5×9 坛，以后每一层长和宽两边都各多出一个坛子。沈括微微一笑，脱口就说出了答案。

你知道共有多少坛酒，沈括是如何快速地得出答案的呢？

9. 古刹的台阶

在城的东郊有一座古寺，已经有 1000 多年的历史了。

寺内的松风阁后面有座宝塔，塔高 60 米，共九层八面，塔中有螺旋形的扶梯。登塔远望，群山起伏，云雾缭绕，仿佛进入了仙境。

这座宝塔的扶梯有个奥妙，就是每上一层楼，楼梯就少了一定的级数。从塔的第四层到第六层，共有 28 级台阶。第一层楼梯的级数是最后一层楼梯的 3 倍。

你知道楼梯一共有多少级吗？每层相差几级呢？

10. 论证时间

在纽约举行的一次数学学术研讨会上，数学家科尔教授走上讲台，在黑板上写下 267－1，这个数是合数而不是质数。接着他又列出两组数字，用竖式连乘，得出了两种完全相同的计算结果。全体与会人员对科尔教授致以暴风雨般的热烈掌声。这样，2 自乘 67 次再减去 1 是合数，而不是质数，终于有了一个正确的答案。

会后，有记者问科尔教授论证这个问题花了多长时间，科尔机智地回答："3 年内的全部星期天。"

你知道他至少用了多少天论证出来的吗？

11. 分到多少糖

大杂院里的三姐妹收到了舅舅从外地寄来的一大包糖。她们数了数，一共有 770 块糖。她们商量根据 3 个人年龄大小按比例分配这些糖。比如，如果二姐拿 4 块糖，大姐可以拿 3 块；而每当二姐得到 6 块糖，小妹可以拿

逻辑思维——山光水色总相依

7 块。根据上面的分配办法，你知道每个人可以分到多少块糖吗？

12. 怎么分遗产

一位数学家得了绝症，他在这个世界上最不放心的就是心爱的妻子和尚未出世的孩子。数学家思来想去，最后立了这样一份遗嘱："如果我的妻子生的是儿子，那么我的儿子可以继承 2/3 的遗产，我的妻子继承 1/3 的遗产；如果我的妻子生的是女儿，那么我的女儿将继承 1/3 的遗产，我的妻子继承 2/3 的遗产。"

没多久，数学家去世了。就连他的妻子也没有想到，自己竟生下了一对龙凤胎。她不知道应该怎样按照数学家的遗嘱分配财产，但她同时相信，以丈夫的智慧，生前一定考虑到了各种情况，妥善安排了这件事。

你知道应该如何按照数学家的遗嘱，将遗产公平地分给他的妻子、儿女吗？

13. 花花跑了多远

星期天，明明和丽丽约好一起去青少年宫。丽丽带着小猫花花先出发，10 分钟后明明才从家中出发。明明刚锁好门，就看见丽丽的小猫花花跑过来了。之后，淘气的花花马上又跑回丽丽那里。花花就这样在明明和丽丽之间来回跑。

如果小猫花花每分钟跑 500 米、明明每分钟走 200 米、丽丽每分钟走 100 米的话，那么从明明出门一直到追上丽丽的时间里，小猫花花一共跑了多远的距离？

14. 小鸡与饲料

一天早上，农夫对妻子说："我想卖掉 75 只小鸡，这样的话咱们的鸡饲料还能维持 20 天。"妻子不同意丈夫的意见，说："我想再买进 100 只小鸡，现有的鸡饲料还能够维持 15 天。"

根据农夫和妻子的对话，你们判断出他们家现在一共有多少只小鸡吗？鸡饲料还能维持多少天呢？

15. 蜡烛燃烧的时间

妹妹正在房间里做作业，突然电灯灭了，原来是保险丝烧断了。妹妹叫哥哥去修保险丝，自己则找来两支备用的蜡烛，在烛光下继续看书。

第二天，妹妹想知道昨天晚上一共断了多长时间的电。可她当时既没有注意断电开始的时间，也没有注意是什么时候来电的，只记得两支蜡烛一样长短，但粗细不同，其中粗的一支全部烧完要用5个小时，细的一支能用4个小时。于是她去找那两支被烧过的蜡烛。哥哥说："不用找了，它们都烧得差不多了，我把它们扔掉了。"妹妹问哥哥："你能记得两支蜡烛各剩下多长吗？"哥哥回答："一支剩下的蜡烛的长度等于另一支的4倍。"

聪明的妹妹根据哥哥的回答算出了蜡烛的燃烧时间。你知道两支蜡烛各烧了多长时间吗？

16. 猜数问题

魔术师将4张不同的牌背面朝上放在桌子上，观众并不知道这4张牌上的4个数字究竟是什么。观众从左到右依次将牌翻开，直到翻开自己认为的牌是这4张牌中最大的一张为止。余下的由魔术师翻开。如果观众最后翻开的这张牌是最大的，就表示观众赢了。

假如一位观众现在已经翻开了两张牌，且第二张牌比第一张牌大，为了取得胜利，他是不是应该继续翻下去呢？

17. 猜扑克

桌上扣着8张已经编好号的纸牌，各自的位置如图所示：

在这8张牌中，只有K、Q、J和A这4张牌。其中至少有一张是Q，每张Q都在两张K之间，至少有一张K在两张J之间。没有一张J与Q相邻；其中只有一张A，没有一张K与A相邻，但至少有

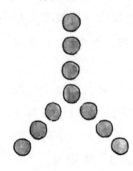

一张 K 和另一张 K 相邻。

你知道这 8 张扑克牌中哪一张是 A 吗？

18. 排列方法

桌上有 10 颗棋子，摆成相交于一点的三条直线，每条直线上都有 4 颗棋子。拿走两颗棋子以后，只用 8 颗棋子仍然可以摆成原来的形状，每条直线上仍是 4 颗。你知道应该怎样摆吗？

19. 纸牌游戏

几个人聚在一起玩纸牌游戏，其中一个人手中有这样一副牌：

（1）正好有 13 张牌。

（2）每种花色至少有 1 张。

（3）每种花色的张数不同。

（4）红心和方块总共有 5 张。

（5）红心和黑桃总共有 6 张。

这个人手中红心、黑桃、方块和梅花各有多少张？

20. 围棋的另类玩法

按照图示，在标有数字的 33 个圈中分别摆上 32 枚围棋子，剩下一个空圈。可以向前后左右 4 个方向走棋，若一子跳过另一子到达空圈，就表示另一子被吃掉了。最后将所有的子全部吃掉，只剩下一子在最初的空圈中为获胜。要求每步只能吃一子，按照这样的游戏规则，一共需要走 31 步能完成任务。你知道这 31 步应该怎样走吗？

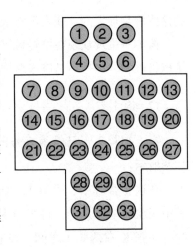

21. 最佳变动方法

马华的爸爸拿回家来一个形状奇特的横盘，上面有 25 个格，其中 24 个格子里都放有棋子，并且每枚棋子都标有编号，如图所示。

现在棋盘上棋子的位置是混乱的，爸爸想按照从小到大的次序将所有的棋子都摆到它原有的位置上，即将棋子 1 放在 16 的位置上，棋子 2 放在 11 的位置上，棋子 3 保持原位不动。最下面的空格是作为棋子变动位置时用的，且变动棋子时必须按照"马步"移动。例如，第一步有三种走法：可以把棋子 1 移到空格，或者把 2 移到空格，或者把 10 移到空格。图中有阴影的格子表示棋子已经到位了。

		16		
	11	3	13	
22	6	7	8	9	21
	19	12	4	14	15
5	17	18	2	20	1
	10	23	24		

你能用最少的步数完成这个任务吗？和爸爸一起来想一想吧！

22. 红黑牌相同的张数

暑假，哥哥带着弟弟在家里玩扑克。哥哥将大王和小王从一副扑克中抽掉，然后将牌洗了几遍，再将剩下的 52 张扑克牌平均分成 A、B 两堆，每堆 26 张牌。如果在这种情况下洗 1000 次牌，A 堆中黑色牌的张数与 B 堆中红色牌的张数会有几次是相同的呢？

23. 猜花色

A 先生和 B 先生一起玩扑克牌。A 先生手上拿了 13 张牌，其中黑桃、红心、梅花、方块这4种图案的牌都至少有一张以上。不过，每种图案的张数各不相同。黑桃和红心共6张，黑桃和方块共5张。

请问：A先生手中有两张同一种花色的扑克牌，这两张牌是什么花色的？

24. 翻牌

几个人聚在一起玩牌。一个人把牌洗了几遍后，发下4张一面是图形、另一面是花纹的牌。他对在场的人说："这4张牌中，任何一张只要有一面是心形的牌，另一面总是条纹。"

请问：如果要肯定这个人的话是真的，需要翻开哪几张牌？

逆向思维——反身而观有洞天

司马光砸缸的经典

逆向思维又叫逆反思维，是与正向思维相对而言的，即突破思维定式，从相反的方向思维，这样可以避免单一正向思维和单向度的认识过程的机械性，克服线性因果律的简单化，从相向视角（如上—下、左—右、前—后、正—反）来看待和认识客体。这样往往别开生面，独具一格，常常导致独创性的发挥，取得突破性的成果。

司马光砸缸救人是大家熟悉的故事。在缸大、水深、人小，救人困难的情况下，他急中生智，不直接拉人出水，而拿起石头砸破水缸，让水流出，使落水的孩子得救。

在传统的动物园内，无精打采的动物被关在笼子里让人参观。然而有人反过来想，把人关在活动的"笼子"里（汽车中），不是可以更真实地欣赏大自然中动物的面貌吗？于是野生动物园应运而生。

实践证明，逆向思维是一种重要的思考能力。个人的逆向思维能力，对于全面人才的创造能力及解决问题能力具有非常重大的意义。这让人想起了近年来颇受欢迎的"脑筋急转弯"。当问题按照常规渠道不能解决的时候，逆向思维是"反其道而行之"，脑筋急转弯则是岔开原路而行。脑筋急转弯是走向逆向思维的一个初级阶段。培养逆向思维，可以试着从脑筋急转弯开始。然而，在许多大人们的"成熟"眼光中，脑筋急转弯只是孩子们上不了台面的幼稚玩意。

世间万事万物都是相互联系的，人们掌握的知识也是多门类多学科的，因此，面对一个思维对象，不能更不必仅仅局限于传统习惯，不能更不必死守一个点。

篮球运动刚诞生的时候，篮板上钉的是真正的篮子。每当球投进的时候，就有一个专门的人踩在梯子上把球拿出来。为此，比赛不得不断断续续地进行，缺少激烈紧张的气氛。为了让比赛更顺畅地进行，人们想了很多取球方法，都不太理想。有位发明家甚至制造了一种机器，在下面一拉就能把球弹出来，不过这种方法仍没能让篮球比赛紧张激烈起来。

终于有一天，一位父亲带着他的儿子来看球赛。小男孩看到大人们一次次不辞劳苦地取球，不由大惑不解：为什么不把篮筐的底去掉呢？一语惊醒梦中人，大人们如梦初醒，于是才有了今天我们看到的篮网样式。

 思维指南针

对学到的知识不是"照单全收"而是取"怀疑"的态度。蒸汽机的发明正是对每个人都已见惯了的现象提出质疑，思考便由此播种、生根、开花乃至结果。必须积极运用头脑，主动积极掌握知识，这是搞好学习的必由之路，也是培养"多思"习惯的主要手段。例如，每当学到一个结论（定理定律、方程式、公式等）时，就以"不信任"的态度：这个结论凭什么依据得出？通过怎样的方式得出？如果某项条件变了的话，这个结论会不会变、会怎样变？这个结论与我们所学过的其他结论之间有什么联系和区别、怎样将它们有机地运用？等等。这样一一怀疑追问并得到满意的答案之后，对这项结论的掌握也就真正"到家"了。

反其道而为有胜景

人们习惯于沿着事物发展的正方向去思考问题并寻求解决办法。其实，对于某些问题，尤其是一些特殊问题，从结论往回推，倒过来思考，从求解回到已知条件，反过去想或许会使问题简单化，使解决它变得轻而易举，甚至因此而有所发现，创造出惊天动地的奇迹来，这就是逆向思维和它的魅力。

2004年，有4名走出象牙塔的丑男丑女邂逅相遇，他们因职场落魄而同病相怜。一天，一则婚庆公司高薪招聘"伴郎"、"伴娘"的启事吸引了他们；可人家要的是俊男靓女，众人的目光不由暗淡下来。这时，其中一人突然灵光一闪：伴郎、伴娘太漂亮不是会让新郎、新娘相形见绌吗？可不可以反其道而行之呢？于是，他们找到这家婚庆公司的业务总监，陈述自己"绿叶衬红花"的创意，很快获得尝试的机会。正式上岗后，这种逆向思维大获成功，公司的生意日益兴隆；这些原先的"职场弃儿"试用期满后，拿到年薪4万元的正式签约。就这样，一群"丑小鸭"靠自己的心智变成了"白天鹅"。

对于逆向思维这种方式，人们已经不很陌生，然而一旦遇到具体的实际问题，人们还是习惯用常规思维，很多本来可以解决的问题，也就被人们看成无法做到、难以解决的问题了。汤姆·彼得斯说："创造性思维为你提供了实现自我更多的机会。"

在日常生活中，有许多通过逆向思维取得成功的例子。

某时装店的经理不小心将一条高档裙烧了一个洞，其身价顿时一落千丈。如果用织补法补救，也许能蒙混过关，但那是在欺骗顾客。这位经理突发奇想，干脆在小洞的周围又挖了许多小洞，并精心装饰，还将其命名为"凤尾裙"。一下子，"凤尾裙"成了畅销货，该时装商店也因此出了名。逆向思维常常会带来了可观的经济效益，无跟袜的诞生与"凤尾裙"异曲同工。因为袜更容易破，一破就毁了一双袜子，商家运用逆向思维，试制成功无跟袜，创造了非常良好的商机。

据说，逆向思维可以使人年轻。每个人都要走向明年，明年会比今年大一岁，所以今年比明年年轻一岁。对于老年人，这样的逆向思维，可以让人越活越年轻；对于年轻人，则可以让他们珍惜时间，更加努力。

在创造发明的路上，更需要逆向思维，逆向思维可以创造出许多意想不到的人间奇迹。

洗衣机的脱水缸，它的转轴是软的，用手轻轻一推，脱水缸就东倒西歪。可是脱水缸在高速旋转时，却非常平稳，脱水效果很好。当初设计时，为了解决脱水缸的颤抖和由此产生的噪声问题，工程技术人员想了许多办法，先加粗转轴，无效，后加硬转轴，仍然无效。最后，他们来了个逆向思维，弃硬就软，用软轴代替了硬轴，成功地解决了颤抖和噪声两大问题。这是一个由逆向思维而产生创造发明的典型例子。

传统的破冰船，都是依靠自身的重量来压碎冰块的，因此它的头部都采用高硬度材料制成，而且设计得十分笨重，转向非常不便，所以这种破冰船非常害怕侧向漂来的冰块。苏联科学家运用逆向思维，变向下压冰为向上推冰，即让破冰船潜入水下，依靠浮力从冰下向上破冰。新的破冰船设计得非常灵巧，不仅节约了许多原材料，而且不需要很大的动力，自身的安全性也大为提高。遇到较坚厚的冰层，破冰船就像海豚那样上下起伏前进，破冰效果非常好。这种破冰船被誉为"20世纪最有前途的破冰船"。

日本是一个经济强国，却又是一个资源贫乏国，因此他们十分崇尚节俭。当复印机大量吞噬纸张的时候，他们一张白纸正反两面都利用起来，一张顶两张，节约了一半。日本理光公司的科学家不以此为满足，他们通过逆向思维，发明了一种"反复印机"，已经复印过的纸张通过它以后，上面的图文消失了，重新还原成一张白纸。这样一来，一张白纸可以重复使用许多次，不仅创造了财富，节约了资源，而且使人们树立起新的价值观："节俭固然重要，创新更为可贵"。

逆向思维最宝贵的价值，是它对人们认识的挑战，是对事物认识的不断深化，并由此而产生"原子弹爆炸"般的威力。我们应当自觉地运用逆向思维方法，创造更多的奇迹。

20世纪60年代中期，当时在福特一个分公司任副总经理的艾科卡正在寻求方法，改善公司业绩。他认定，达到该目的的灵丹妙药在于推出一款设计大胆、能引起大众广泛兴趣的新型小汽车。在确定了最终决定成败的人就是顾客之后，他便开始绘制战略蓝图。以下是艾科卡如何从顾客着手，反向推回到设计一种新车的步骤：顾客买车的唯一途径是试车。要让潜在顾客试车，就必须把车放进汽车交易商的展室中。吸引交易商的办法是对新车进行大规模、富有吸引力的商业推广，使交易商本人对新车型热情高涨。说得实际些，他必须在营销活动开始前做好小汽车，送进交易商的展车室。为达到这一目的，他需要得到公司市场营销和生产部门百分之百的支持。同时，他也意识到生产汽车模型所需的厂商、人力、设备及原材料都得由公司的高级行政人员来决定。艾科卡一个不漏地确定了为达到目标必须征求同意的人员名单后，就将整个过程倒过来，从头向前推进。几个月后，艾科卡的新型车，野马从流水线上生产出来了，并在20世纪60年代风行一时。它的成功也使艾科卡在福特公司一跃成为整个小汽车和卡车集团的副总裁。

多作逆向思维能使思维更加灵活找到更多解决问题的途径。

思维指南针

经常做一些这样的题目，猜一些灯谜或做些脑筋急转弯的趣题对提高多向思维能力很有帮助。当思维陷入百思不得其解的境地时，暂时将问题搁下，隔一段时间重新思考可能会突然找到突破口；思考问题时动机和情绪太强或太弱都不利于思考，只有中等强度的动机和情绪才能使思维最灵活，等等。

不走寻常路的勇气

与常规思维不同，逆向思维是反过来思考问题，是用绝大多数人没有想到的思维方式去思考问题。运用逆向思维去思考和处理问题，实际上就是以"出奇"去达到"制胜"。因此，逆向思维的结果常常会令人大吃一惊，喜出望外，别有所得。

19世纪中叶，美国加州传来发现金矿的消息。许多人认为这是一个千载难逢的发财机会，纷纷奔赴加州。17岁的小农夫亚默尔也加入了这支庞大的淘金队伍。一时间加州遍地都是淘金者，金子自然越来越难淘，而且生活也越来越艰苦。当地气候干燥，水源奇缺，许多不幸的淘金者不但没有圆发财梦，反而葬身此处。小亚默尔经过一段时间的努力，和大多数人一样，没有发现黄金，反而被饥渴折磨得半死。一天，他望着水袋中一点点舍不得喝的水，听着周围的人对缺水的抱怨，突发奇想：淘金的希望太渺茫了，还不如卖水呢。

于是，亚默尔毅然放弃了寻找金矿的努力，用自己挖金矿的工具，从远方将河水引入水池，用细沙过滤后成为清凉可口的饮用水。然后将水装进桶里，挑到山谷中一壶一壶地卖给找金矿的人。当时有人嘲笑亚默尔，说他胸无大志："千辛万苦地赶到加州，不挖金子发大财，却干

逆向思维——反身而观有洞天

起这种蝇头小利的买卖，这种生意在哪不能干，何必跑到这里来干？"亚默尔毫不在意，继续卖他的水。结果，大多数淘金者空手而归，而亚默尔却在很短时间内靠卖水赚了6000美元，这在当时已经是一笔很可观的财富了。

一个犹太商人用价值50万美元的股票和债券作抵押向纽约一家银行申请1美元的贷款。猛一看，似乎让人不可思议。但看完之后，你就不得不为那位犹太商人的聪明才智而折服。那位犹太商人申请1美元贷款的真正目的是为了让银行替他保存巨额的股票与债券。按照常规，像有价证券等贵重物品应存放在银行金库的保险柜中，但是犹太商人却悖于常理通过抵押贷款的办法轻松地解决了问题，为此他省去了昂贵的保险柜租金而每年只需要付出6美分的贷款利息。

逆向思维会使人独辟蹊径，在别人没有注意到的地方有所发现，有所建树，从而制胜于出人意料。生活中自觉运用逆向思维，会将复杂问题简单化，从而使办事效率和效果成倍提高。

毛姆在尚未成名之前，他的小说无人问津。在穷得走投无路的情况下，他用自己最后一点钱，在大报上登了一个醒目的征婚启事："本人是个年轻有为的百万富翁，喜好音乐和运动。现征求和毛姆小说中女主角完全一样的女性共结连理。"广告一登，书店里的毛姆小说一扫而空，一时之间洛阳纸贵。从此，毛姆的小说销售一帆风顺。正是这一独特创意，改变了毛姆的命运，使毛姆成为著名的小说家。

在一次香港小姐的决赛中，为了测试参赛小姐的思维速度和应对技巧，主持人提出了这样一个难题，"假如你必须在肖邦和希特勒两个人中间，选择一个作为终身伴侣的话，你会选择哪一个呢？"其中有一位参赛小姐是这样回答的："我会选择希特勒。如果我嫁给希特勒的话，相信我能够感化他，那么第二次世界大战就不会发生了，也不会有那么多的人家破人亡了。"这位小姐巧妙的回答赢得了人们的掌声。因为这个问题难度较大，如果回答"选择肖邦"，则答案没有特色，显得俗气；如果回答"选择希特勒"，则很难给予合理的解释。那位小姐的精彩之处就在于既选择了出人意料的答案，又找出了合理而又充满正义感的理由。

常识和经验告诉人们，在形成创造欲望之后，所提出的问题既不能太简单容易，使人感到一眼可以看到底；也不能太复杂，使人处处碰钉子，无法实现；而是经过创造性思维之后，确有可能成功。伴随着人的创造欲望得到充分的满足，就会反过来激励创造性思维，使创造性思维在更高的思维效率水平上进入最佳状态。

链接三

逆向思维测试

请对下列各题做出最适合你的选择。

1. 在做几何证明题时，你喜欢使用反证法吗？

a. 喜欢

b. 说不准

c. 不喜欢

2. 有时你将问题倒过来考虑吗？

a. 是

b. 说不准

c. 不

3. 你喜欢反驳别人的观点吗？

a. 喜欢

b. 说不准

c. 不喜欢

4. 你的反驳意见能被别人接受吗？

a. 能

b. 说不准

c. 不能

5. 在写作文时，你尝试过倒叙的写法吗？

a. 多次

b. 有几次

c. 没有

6. 与人争论过后。你会从对方角度想一下是非曲直吗？

a. 会

b. 说不准

c. 不会

7. 你有时会提出与正在讨论的问题相反的问题吗？

a. 会

b. 说不准

c. 不会

8. 看小说时。你会直接翻到书尾看看结局如何，然后再决定是否仔细阅读整本书吗？

a. 多次

b. 有几次

c. 不会

9. 当你受挫时，你能意识到它给你带来的帮助吗？

a. 能

b. 说不准

c. 不能

10. 在解数学题时，你常常使用逆推法（即从结果推演到条件）吗？

a. 常常

b. 说不准

c. 不常

11. 你了解守恒原理吗？

a. 了解

b. 说不准

c. 不了解

12. 你的思维灵活吗？

a. 灵活

b. 说不准

c. 不灵活

13. 你了解辩证法基本原理吗？

a. 了解

b. 说不准

c. 不了解

14. 你理解并赞同坏事可以变成好事的说法吗？

a. 完全理解和赞同

b. 有些理解

c. 不理解或不赞同

15. 你了解数理统计学中假设检验的理论和方法吗？

a. 了解

b. 说不准

c. 不了解

评分标准：

每题答 a 得 3 分，b 得 2 分，c 得 1 分，将得分相加就是你的成绩。

测试结果：

0~15 分，逆向思维能力有待提高

16~35 分，逆向思维能力马马虎虎

36~45 分，逆向思维能力出类拔萃

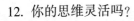 游戏乐园三：逆向思维训练

1. 巧走"梅花桩"

从 A 处走到 B 处，只准走 10 条直线，每条直线上走几步不限，且所走

的直线可以交叉。要求是：每个数字
100 都要通过 2 次；100 以外的其他数字
都只通过 1 次，且必须通过 1 次；碰到
数字 50 时，必须转换方向走。

请问：应该怎样走才能按要求从 A
处走到 B 处呢？

2. 非常任务

给你提供一个盆、少量水、一个烧
杯、一个软木塞、一枚大头针和一根火柴。你的任务是使所有的水都进入
烧杯内，但是不能把盛水的盆端起来或者使之倾斜，也不能借助所提供物
品外的其他物品使水进入烧杯。

请你想一想：怎样才能完成这个任务呢？

3. "发现" 单词

图中的这个字母方阵是一个神秘的单词谜
语，你发现谜底了吗？

R	V	E	O	V	C
S	I	O	V	R	D
V	E	R	C	V	O
R	O	V	E	S	E
E	R	S	C	R	I
C	E	R	E	O	R

4. 6 + 5 = 9？

如图所示，6 根火柴排成了一列。如果再
给你 5 根火柴，在不移动原有的 6 根火柴的情
况下，你能将它们组成英文单词 "9" 吗？

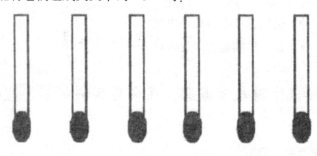

5. 合二为一

往 U 形玻璃管中灌入水和两个乒乓球，如甲图所示。

请问：在保证水和乒乓球都不掉到玻璃管外的情况下，如何使两个乒乓球集中到 U 形玻璃管的左端，如乙图所示？

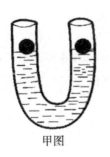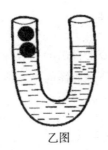

甲图　　　　　　　　乙图

6. 消失的三角形

如图所示，9 根火柴拼成了 3 个三角形。你能不能只移动其中的两根火柴，就使 3 个三角形都不存在了呢？

7. 火柴拼图

请用 8 根火柴摆出 2 个正方形、4 个三角形，但是不能弯曲或折断火柴。

8. 一笔成汉字

有些文字看上去是无法一笔写完的，例如"K"、"力"、"王"。但是，如果你转变一下思维，就能找到一笔写下这些字的办法。

你知道该怎么写吗？

9. 未湿的手表

一个人不小心把自己的手表掉进装满咖啡的杯子里。他急忙伸手从杯子中取出手表。但是奇怪的是，他的手不但没湿，连手表也没有湿。你认为他是如何做到的？

10. 小猫过河身未湿

小冬在河的一侧，小猫在河的另一侧。小冬大声呼唤小猫的名字时，小猫飞快地过了河，跑到了小冬的身边。但是小猫的身上却是干的，没有一滴水。河上也没有桥，没有船。你知道小猫是如何过河的吗？

11. 青蛙跳井

有一只青蛙在井底，每天爬上 5 米，又滑下 3 米，已知井深 10 米，那么青蛙爬到这口井的上面一共需要几天？

12. 不是双胞胎

有两个女孩在同一所学校上学，长得一模一样，出生年月以及父母的名字也都一样。别人就问她们："你们是双胞胎吗？"结果她们异口同声地回答："不是。"这是怎么回事呢？

13. 这只熊是什么颜色

有一只小熊，它从北极点出发，往南走了 100 米，又往东走了 100 米，然后又往北走了 100 米，回到了起点。那么你知道这只行走的小熊是什么颜色的吗？

14. 没法分的马

从前，有一个老汉，临死前对三个儿子说："我不行了。咱们家只有 17 匹马，我死后，老大分 1/2，老二分 1/3，老三分 1/9，但都必须分得活马。"老汉死了。兄弟三人安葬了父亲，便来到马圈，按老人的遗嘱分马，怎么分也分不开，兄弟三个一筹莫展，谁也没有办法。

正在这时，一个邻居骑马路过这里，看到他们愁眉苦脸的样子，便上前问道："兄弟仨这般发愁，为了何事？"三兄弟把父亲的临终嘱咐和分马的难处告诉了他。这个邻居略一沉思，就想出了一个分马的好办法。

邻居的办法果然很好，三兄弟按老人的嘱咐分得了各自应得的马。你知道邻居是用什么办法把马分开的？

15. 切七环金链

有一条金链由七环组成。现要求你一周领一个金环，切割费用自付。你如何切才会让自己每周都能领到一个金环且花费最小？

16. 两人过河

有两个人想过同一条河，但河上没有桥，只在河边发现了一条一次仅能载一个人的小船。两人打了一声招呼后就高兴地过河了。请问他们是怎样过河的？

17. 鸡蛋坠而不碎

你站在一个水泥地上，手拿一个鸡蛋。现让你把手中的鸡蛋松开，请问鸡蛋能向下掉落 1 米而鸡蛋不碎吗？如果不可以，请说明理由；如可以，请说明做法。

18. 细胞分裂的时间

一天，一位生物学家为了观察细胞分裂的过程，在实验室里把3个一模一样的细胞，分别装进两个材质与容量都相同的特制瓶子里。其中，第一个瓶子放进1个细胞，第二个瓶子放进2个细胞。

以下是这位生物学家作的记录：

细胞每分裂1次，需要3分钟的时间；

当第二个瓶子内充满细胞时，共经过3小时；

请问需要经过多少时间，第一个瓶子里才会充满细胞？

19. 比较瓶子的大小

有两个瓶子，一个细高，一个粗矮，在没有量杯的情况下，你能用最简单的方法尽快知道哪个瓶子的容积更大吗？

20. 用桶分油

有两只体积、形状、重量相等的油桶，一只装有一些油，一只没装任何油。在没有任何称量工具的情况下，如何让两桶里的油重量相等？

21. 飙车比赛

有两兄弟经常用妈妈买给他们的交通工具摩托车进行飙车比赛。妈妈为此非常头疼。有一天，妈妈想到了一个阻止他们赛车的好办法。妈妈对两兄弟说："我现在要你们进行一场飙车比赛，晚到的那个可以享受到出国旅游的大好机会。"妈妈本来以为这样就可以阻止飙车兄弟两人飙车。但没想到，比赛一开始两兄弟的车速比以前更快了。妈妈百思不得其解，聪明的你知道这是为什么吗？

22. 找假币

有10堆银币，每堆10枚。已知一枚真币的重量，也知道每枚假币比真币多1克，而且你还知道这里有一堆全是假币，你可以用一架台式盘秤来称克数。试问最少需要称几次才能确定出假币？

23. 赌钱总是输

两个人在菜市口赌钱，一个小孩前去看热闹。赌钱的规则是：一个人说一句话，如果另外一个人不相信的话，就要给说话的人 10 个铜板。两个人中一个老是输钱，一个人老是赢钱。小孩看不过去，就决定帮输钱的人一把，他每次只对赢钱的人说一句话，赢钱的人就回答不相信，并且给小孩 10 个铜板。你知道小孩说的那句话是什么吗？

24. 羊、狼和白菜

一个人要带一只羊、一只狼和一颗白菜过河。但他的小船只能容下他以及羊、狼和白菜的三者之一。如果他带白菜先走，则留下的狼就会把羊吃掉；如果他把狼带走，留下的羊就会把白菜吃掉。只有当人在的情况下，白菜、羊和狼才能相安无事。请问这个人如何才能把每件东西都带过河去？

观察思维——咬定青山不放松

正确的判断来自准确的观察

观察是一种有目的、有计划、比较持久的知觉过程，是学习的基本能力。许多知识、技能必须经过"观察"这个第一通道。因而，可以毫不夸张地说，没有"观察"，就没有学习；没有良好的观察能力，也就没有良好的学习成绩。

王戎 7 岁的时候，和小朋友们一道玩耍，看见路边有一株李树，结了很多李子，枝条都被压断了。那些小朋友都争先恐后地跑去摘。只有王戎没有去。有人问他，为什么不去摘李子呢？王戎回答说："这树长在大路边上，还有这么多果子，一定是苦的。"摘来一尝，果然是这样。

王戎为什么未尝一口能知道这一定是苦李？这是因为他虽小，却能注意观察，认真思索的结果。树在路旁，如果李子甜早就让人家摘光了这是其一；结果很多，树枝营养供应不足，李子一定很苦，这是其二。从这里可以看出王戎的聪颖机智的性格。

路边有李树，李树上结满了果子，这果子一定是甜的。这是"习惯性思维"得出的结论。路边有李树，李树上结满了果子，谁都可以看见果子，为什么没人摘，肯定是树枝营养供应不足，李子一定是苦的。这是"逆向思维"得出的判断。

王蓉注意观察、善于思索聪颖机智的性格，不仅值得孩子们学习，也值得成年人借鉴。

1. 青少年观察思维的特点

青少年的观察思维处于动态的发展过程，其几个特征非常明显：

（1）从比较笼统向较为精细发展。

青少年观察的笼统性表现在语文学习上，最突出的是认识一个生字，往往只看一个大致轮廓，而对哪儿少一小点，哪儿多一小横，视而不见，听而不记。例如："真"字，里面是三小横，他们常常记成两小横；"武"字不带刀，他们偏要带上一撇。这些错别字的出现，首先是观察力的问题，是由于他们观察不细致造成的。青少年观察的笼统性表现在数学学习上，最突出的是将数学符号、数字及文字题中的关键字词看错，或者漏看。

当然，随着年级的升高和教育的加强，多数青少年观察的精细性逐渐发展起来。低年级那种看错字词、看错符号的现象，有所减少。

（2）从被动性、情趣性向主动性、自觉性发展。

青少年观察的被动性，是指其观察较多地依赖他人。老师让观察什么就观察什么，老师叫怎么观察，就怎么观察。比如：自然课老师布置他们养蚕，观察蚕的成长过程，他们积极性非常高。

观察的情趣性，是指青少年的观察往往受兴趣的支配。感兴趣的，他们能长时间观察，也能仔细观察；不感兴趣的，他们则不能集中注意观察，观察中也经常出现错误。老师带学生去动物园，要求学生重点观察熊猫，回校写作文。可是，到了动物园，不少学生都对猴子十分感兴趣，再也无心仔细观察熊猫了。因而，回校后不少学生写不出几句话，有个学生只写了一句"熊猫，真好玩，好玩得不得了"，就无话可写了。

到了中、高年级，特别是到了高年级，多数学生已能主动地根据学习要求，观察事物，观察他人了。即使是不太有趣的人与事，他们也能初步控制自己，自觉地坚持观察。因而，他们的观察更为准确，观察所得更为丰富。

（3）从肤浅性向深刻性发展。

青少年观察事物，往往只注意表面的、孤立的事物。观察春天的草，他们观察到的是"绿绿的、嫩嫩的"，而不能自觉地与冬天的草进行比较，更不能由此而想到"充满生机"的特征。他们观察语文课本中的插图"骄傲的大公鸡"，只注意到大公鸡红红的鸡冠、五彩的羽毛，而较少观察大公鸡是站在河边，看着自己的倒影，更不能由此而想到"它是因为看到河中

自己美丽的倒影而骄傲地昂起头来的"。

青少年观察的深刻性主要表现为：能运用比较的方法进行观察，能抓住特征进行观察，能从多角度、多侧面进行观察，能在观察中学会动脑，能发现别人难以观察到的现象，这些良好的观察品质，都是可以培养的。

2. 青少年良好的观察品质

（1）要有观察的兴趣。兴趣可以使注意指向明确，帮助人细致、耐心地进行持久的观察；也可使人刻苦钻研，积极思维，发现别人不易察觉的细节部分。英国细菌学家弗莱明，就是由于对葡萄球菌被其他细菌杀死的现象产生兴趣，并进行细致观察和探索，从而发现青霉素的。

（2）要有观察的持久性。前苏联著名科学家巴甫洛夫有句名言："观察，观察，再观察。"科学研究中的观察需要持久性，一般学习活动中的观察同样需要持久性。

（3）用多种感官进行观察。良好的观察必须是多种感官参与的，要多看，多听，多触摸，多思考，促使听觉、视角、触觉协同活动，提高大脑的综合分析能力，使观察更为全面和准确。

3. 良好的观察习惯

据调查，优秀的青少年在观察方面大多具有以下的习惯：

经常进行观察的习惯。随时随地，只要有机会就进行观察，观察景，观察事，观察物，观察人，有时集中观察一个对象，观察的频率很高。

边观察边提问的习惯。向老师、向父母、向身边的其他人，有时甚至向自己提出各种各样的问题。

写观察笔记的习惯。每周，甚至每天都写观察笔记。既写观察内容，也写观察方法和观察后的想法。

把观察与学习联系起来的习惯。这些孩子经常把观察到的东西与学习的内容挂起钩来。

青少年要主动地自觉地培养观察力，细致地、持久地观察；明确观察的目的和任务，选准观察方向、提高观察效果的重要条件。如为了提高观察的细致性，可观察天空云彩的变化、各种蔬菜的异同、鲤鱼与黄鳝的异同，等等。

生活是最好的实践

观察有以下三类，一类是参与观察与非参与观察；第二类是结构式观察和无结构式观察；第三类是直接观察和间接观察。如学生实验就属于参与观察。结构式观察和直接观察，指的是观察者加入到群体之中以内部成员的角色参与活动，以事先预订好的观察计划并按照规定好的内容和程序实施的直接亲临的观察。观察的主要因素：一是感知因素，二是思维因素。只有思维参与观察活动，才可能提高观察的速度、准确性和完整性，所以观察不是消极的观看和注视，而是一个感知和思维的过程。

对生活往往因"奇"而"观"，很大程度上是自发的，对于同样的现象，有人能从中发现重大奥秘，而有人却熟视无睹。可见整个观察活动乃至于创造性的思维活动，很大程度上信赖于良好的观察习惯和科学的观察方法，要把那种兴趣、爱好，受性格和习惯等影响的不自觉的观察活动上升为通过大脑，调动眼、耳、鼻、手等多种感官有意识、有目的、有条理的观察思维活动。

观察任何事物都需要人的不同感官的协同配合才能收到好的效果。

在观察活动中，视觉无疑是很重要的，但眼睛并不是唯一的感觉器官。我们在认识和观察事物时，应该调动身体的各种感官。比如要认识一种水果，除了用眼睛观察其外部形状、颜色、纹理，还可以用手摸摸它的表面，切开来看看里面的样子和果肉的质感，尝尝它的味道，用鼻子闻闻它的气味，等等。这样，可以从各方面获得对于该事物的认识，而且更加深刻。

古诗云"横看成岭侧成峰"，从不同角度观察事物，会获得不同的信息和感受。因此观察事物必须掌握不同的方法。观察时要按照计划有步骤地进行，先观察什么、后观察什么，以及观察的重点都是事先要明确的。否则很容易陷于杂乱无章的境地，无法获得完整、准确的认识。

常用的观察方法还有：全面观察和重点观察；在自然状态下观察和实验中观察；长期观察，短期观察，定期观察；正面观察和侧面观察；直接观察和间接观察；解剖（或分解）观察，比较观察；有记录观察和无记录观察，等等。

针对不同的观察对象和观察目的，应事先考虑用什么样的观察方法。有时候，需要几种方法配合使用。

1. 全　面

具有代表性、典型的物质性质实验，往往需要学生全面而系统地观察，以便他们能较全面地了解物质的性质。

2. 重　点

有的实验现象不很明显，有的实验现象稍显即逝，教师应要求学生集中注意力，准确捕捉瞬间变化。

3. 对　比

为了说明某些物质的不同性质，化学教学中常用实验对比，如镁、铝与盐酸反应剧烈程度的对比实验，实验过程中，教师应指导学生观察什么？比较什么？从中使学生找出两者的差异。又如：硫分别在空气中和氧气中燃烧。

4. 顺　序

应让学生在观察时根据观察对象的特点，做到心里有个观察的"序"。也就是说先观察什么，后观察什么，要有一定的次序。

5. 推　断

观察不应局限于直观形象反映客观事物和现象，还要学会逻辑的判断和推理，把观察同思维的间接性与概括性结合起来，只有在观察中思维，在思维中观察，才能真正培养学生观察能力。

总之，一种好的观察方法应是：明确观察目的，确定观察对象，设计观察程序和手段，记录观察现象，分析观察结果。

 思维指南针

> 观察前要做好必要的准备，尤其是知识方面的准备。相关知识越丰富，观察时得到的东西就愈多，观察也就越容易深入。

观察为思维提供丰富的材料

观察是所有科学研究形式中最重要的一个环节，只有通过观察才可能发现并提出问题。爱因斯坦说过，发现、提出问题比解决一个问题更重要，因为解决问题可能就是一个数学的运算或者实验的技巧，而发现、提出问题却需要通过观察，并运用创造性的想象才能够实现。

观察力是形成技能的必要条件。具有良好的观察力，其实也就具有了良好的学习能力，养成技能的过程自然而然会变得轻松。良好的观察力可以帮助人们进行记忆等多种思维活动，促进学习和工作的进步。如果不去有意识地加强观察力的培养，使其善于观察复杂的事物和现象中的细微变化及其本质特点，就不能有效地进行充分感知，获得规律性知识，分析、判断和综合概括能力也将难以得到提高，而这些都是智力发展、学业进步和人生腾飞的必需条件。

人类要想在观察活动中取得对事物的全面深刻的认识，必须具备一定的素质；而每一次观察活动，也都会丰富、提高观察者的素质。一个人的自我发展，其实就是观察力的不断提高。一个社会的进步与落后，一个民族素质的高低，有时候也在这个民族成员普遍具有的观察力上有所表现。可以说，培养和提高观察力，是提高个人和民族素质的重要途径。

观察力也是未来人才的综合素质之一，较好的观察力有时候可以视为较好的思维能力和较高的综合素质。观察不是某些人的专利。作为一个普通人，即使不打算在某一领域成为佼佼者，学会观察也是非常必要的。在现代和未来社会，学会观察社会现象，作出自己的判断，并制定出自己的行为准则，才能不断地提高自己的素质，更加适应社会发展的节奏。

1. 保护好感知觉器官

观察力训练是以感知觉发展为前提的，感知能力的提高有助于神经系统发育成熟及大脑智力开发，使人耳聪目明、心灵手巧，有助于智慧的发展。要注意保护眼睛、鼻子、耳朵、嘴巴、手等器官的健康发育，因为这是发展感知觉的物质基础。

要利用并创造机会，刺激各个器官的发育。多看美丽的图画，多听动人的音乐、多动手、多说话等，这些行为对器官发育都有一定的刺激作用。

2. 明确观察目的

观察要有明确的目的，要有观察的中心和范围，才能保证把注意力集中在观察对象上。心理学的知觉规律表明，带着明确的观察目的和任务去知觉事物，注意力就能集中地指向有关的事物，知觉就会清晰、完整。如果观察的目的不明确，观察就如"走马观花"，效果自然大打折扣。

明确观察目的，一是在心里树立观察的意识，认清观察对于发展自身智能的好处；二是在观察任何事物时，都要有明确的目的，即观察什么，为什么观察。

3. 有计划地观察事物

凡事预则立，不预则废。观察活动有内容繁简、范围大小、时间长短之分，但都需要有计划地进行。观察有计划，是指在观察活动开始之前，预先订好观察的目的和步骤。如小孩子在学习洗衣服的时候，可以先观察父母怎样做：放多少水、多少洗衣粉、哪些衣服分开洗、洗衣机开多长时间等，可以一边帮忙一边观察，学会了洗衣服，也提高了观察力。有的人喜欢花草，可以自己种一盆花或其他植物，每天观察其变化，写一些观察日记，这样的观察活动，既满足了自己的兴趣，又有丰富的观察内容，效果很好。

一般来说，如果年龄较小，观察活动中应多找与其日常生活联系较多的事物，或最好从日常生活入手，根据已有的知识经验，选用那些较熟悉、特征较明显、也容易观察的事物，逐步进行观察训练。

随着年龄的增长，必要的知识和经验已经形成，这时候再开始观察那些较为复杂、特征不太明显、容易忽略的、需要分析判断的细节、事物或事件。

4. 遵循感知规律

观察事物是为了认识事物，感知是认识的第一步。而感知是有规律的，应该遵循规律去进行观察。

观察的对象必须达到一定的强度，才能观察得清晰、准确。因此，在观察前，对有可能提高强度的事物，应采取措施提高其强度。如观察人的肌肉，绷紧时看得最清楚；观察蒸气的特点，水壶里的水要满到一定程度，效果才好。

被观察的对象与背景反差越大，观察效果越好。因此，要设法增加观察对象与背景之间的差异。如观察一种昆虫的形态、颜色，把它放在反差大的纸上，效果就会更好。

两个显著不同甚至对立的事物容易观察，因而在观察中把具有对比意义的材料放在一起观察效果好。如两种不同的水果放在一起比较，往往能形成更加深刻的印象。

运动中的对象容易吸引人的注意，运动中的情况与静止状态有所不同。因此，观察某些事物，既观察静止的情况，又要看活动中的情况。如观察一个人，就应将静止状态与活动状态结合起来观察。把有关联的事物组合起来观察，既能把握整体情况，又能把握具体情况。

观察思维——咬定青山不放松

思维指南针

在观察过程中，明确观察的顺序和重点。青少年在观察时常常容易被新奇、有趣的局部事物所吸引，只注意色彩鲜明的、有新奇刺激的事物，而忽视顺序以及细小的然而却是十分重要的部分。应当根据观察目的和任务及时提出问题，以便有顺序、有重点地进行观察，并要启发他们动脑筋进行分析、比较，学会抓住事物的特征，做到由粗到细、由表及里、由部分到整体地观察。

现象背后隐藏本质

　　每一个现象背后，都隐藏着一个本质，每一个本质背后，都与其他本质有着千丝万缕的逻辑联系。

　　一个独具慧眼的观察家往往能够从人们熟视无睹的现象中，观察出与众不同的东西，找到新颖的研究课题。

　　一个普普通通的蜂窝，通常很难引起人们的注意。然而，细心的法国科学家马拉尔其，却对蜂窝有一种特殊的兴趣。他一次又一次地对蜂窝进行仔细的观察，研究每一个孔洞的形状，终于发现蜂窝那由菱形面组成的角度大小相等。他还发现那钝角平均是 109 度 28 分，锐角平均是 72 度 32 分。别人没注意到的，他却注意到了；别人没发现的，他却发现了。这一发现，在建筑学上有很大的意义。

　　观察认真、一丝不苟，这样才能明察秋毫，慧眼识真。有些杰出的科学家，往往就因为一时粗心，放过了获得重大发现的机会，以致后悔莫及。化学元素"溴"的发现就是一例：

　　1828 年，德国化学家巴里阿尔在一次实验中，得到了一种褐色液体，与常见的氯化碘非常相似。但是巴里阿尔没有粗心大意，没有按照常规把它当做已知氯化物放在一边，而是对这种褐色液体进行了细心的观察和提纯实验，证明了它并不是人们所熟悉的氯化碘，而是一种未知的新元素溴。这个发现震动了当时德国的化学界。为此，著名的德国化学家利比深深感到懊悔。原来，他在实验中也得到过同样的液体，但由于没有仔细地观察，便贴上氯化碘的标签放在了一旁，结果白白放过了一次成功的机会。他常指着那贴着氯化碘标签的瓶子对人们说："这是我的一次失败的纪念，请记住我的教训，要仔细观察，认真研究，再作结论。"在后来的科学道路上，他吸取了这次失败的教训，取得了许多伟大的成就。

爱迪生曾经说过，天才是1%的灵感，加上99%的汗水。灵感和机遇产生于汗水之中，天道酬勤，一分耕耘一分收获，若能独具慧眼，明察秋毫，获得的必将是累累的硕果。要真正做到独具慧眼、明察秋毫，必须在平常的观察活动中保持客观、严谨、敏锐、全面的视角和思维，才能增加与机遇邂逅的机遇，不至于与她擦身而过。

思维指南针

> 做好观察记录和总结。每次观察，都要进行总结。可以是简单的口头小结，或者是比较详尽的叙述和文字记载。有条件的家庭还可以借助仪器进行观察和记录，如放大镜、摄像机、录像机，等等。

要有适合自己的方法

俄国教育家冈察洛夫说："观察和经验和谐地应用到生活上就是智慧。"

观察力与注意力互为因果相辅相成，所以观察力的练习有助于注意力的集中。培养观察力不仅可以促进记忆力，还可以有其他方面的巨大收获。

大部分人虽然阅人无数，但却很少观察。即使好像努力观察对方，但却对自己所观察的内容毫无印象。你是不是经常对眼前的事物视而不见？你是不是经常走在街上，却对交通信号灯的排列回想不起来？你是不是对一个人非常感兴趣，但想向别人介绍时却说不出来或写不出来？你写作文是不是总觉得无话可说、无事可写，短短结束？那是因为没有养成观察事物的好习惯。

从今天开始，观察应该成为学习生活的一部分，训练自己观察肉眼所

看到的事物。

学会观察的人几乎不会感到无聊。即使与无趣的人在一起，你也可以借由观察对方，努力了解对方为什么会那么无趣，就可以从中找到乐趣。研究他人的行为及其反应时，可以从中获益良多。等待巴士或火车时，也要多多运用自己的眼睛，观察肉眼可视范围内的所有事物。你的思想就会向积极的方向发展。对人物和事物的各种想法都进入了你的意识。

1. 静视——一目了然

（1）在你的房间里或屋外找一样东西，比如表、自来水笔、台灯、一张椅子或一棵花草，距离约60厘米，平视前方，自然眨眼，集中注意力注视这一件物体。默数60～900下，即1～15分钟，在默数的同时，要专心致志地仔细观察。闭上眼睛，努力在脑海中勾勒出该物体的形象，应尽可能地加以详细描述，最好用文字将其特征描述出来。然后重复细看一遍，如果有错，加以补充。

（2）你在训练熟练后，逐渐转到更复杂的物体上，观察周围事物的特征，然后闭眼回想。重复几次，直到每个细节都看到。可以观察地平线、衣服的颜色、植物的形状、人们的姿势和动作、天空阴云的形状和颜色等。观察的要点是，不断改变目光的焦点，尽可能多地记住完整物体不同部分的特征，记得越多越好。在每一分析练习之后，闭上眼睛，用心灵的眼睛全面地观察，然后睁开眼睛，对照实物，校正你心灵的印象，然后再闭再睁，直到完全相同为止。还可以在某一环境中关注一种形状或颜色，试着在周围其他地方找到它。

（3）建议你然后再去观察名画。必须把自己的描述与原物加以对照，力求做到描写精微、细致。在用名画做练习时，应通过形象思维激发自己的感情，由感受产生兴致，由兴致上升到心情。

这样，不仅可以改善观察力、注意力，而且可以提高记忆力和创造力。因为在你制作新的心中的形象的过程中，你吸收使用了大量清晰的视觉信息，并且把它储藏在你的大脑中。

2. 行视——边走边看

以中等速度穿过你的房间、教室、办公室，或者绕着房间走一圈，迅速留意尽可能多的物体。回想，把你所看到的尽可能详细地说出来，最好写出来，然后对照补充。

在日常生活中，眼睛像闪电一样看。可以在眨眼的工夫，即 01～04 秒之间，去看眼前的物品，然后回想其种类和位置；看马路上疾驶的汽车牌号，然后回想其字母、号码；看一张陌生的面孔，然后回想其特征；看路边的树、楼，然后回想其棵数、层数；看广告牌，然后回想其画面和文字。所谓"心明眼亮"，这样不仅可以有效锻炼视觉的灵敏度，锻炼视觉和大脑在瞬间强烈的注意力，而且可以使你从内到外更加聪慧。

3. 抛视——天女散花

取 25～30 块大小适中的彩色圆球，或积木、跳棋子，其中红色、黄色、白色或其他颜色的各占 1/3。将它们完全混合在一起，放在盆里。用两手迅速抓起两把，然后放手，让它们同时从手中滚落到沙发上，或床上、桌面上、地上。当它们全部落下后，迅速看一眼这些落下的物体，然后转过身去，将每种颜色的数目凭记忆而不是猜测写下来。检查是否正确。

重复这一练习 10 天，在第 10 天看看你的进步。

4. 速视——疏而不漏

取 50 张 7 厘米见方的纸片，每一张纸片上面都写上一个汉字或字母，字迹应清晰、工整，将有字的一面朝下。也可用扑克牌。取出 10 张，闭着眼使它们面朝上，尽量分散放在桌面上。现在睁眼，用极短的时间仔细看它们一眼。然后转过身，凭着你的记忆把所看到的字写下来。紧接着，用另 10 张纸片重复这一练习。每天这样练习 3 次，重复 10 天。在第 10 天注意一下你取得了多大进步。

5. 统视——尽收眼底

睁大你的眼睛，但不要过分以至于让你觉得不适。注意力完全集中，注视正前方，观察你视野中的所有物体，但眼珠不可以有一点的转动。坚持 10 秒钟后，回想所看到的东西，凭借你的记忆，将所能想起来的物体的名字写下来，不要凭借你已有的信息和猜测来作记录。重复 10 天，每天变换观察的位置和视野。在第 10 天看看你的进步。

数秒数的过程一般会比所设想的慢。你可以在练习前先调整一下你数数的速度。一边数一边看着手表的秒针走动，1 秒数 1 下，在 1 分钟结束的时候刚好数出 "60"，也可以 1 秒数 2~3 下。

为了了解你是否切实观察着周围的事物，不妨回想一下住家附近的环境。附近有几幢房子？每幢房子都是什么颜色？每家的庭院长什么样子？虽然你居住在这个环境已经好几年，每天都看到这些房子，但真正想要回想时，却往往想不出具体的样子。

只要持续一星期，你一定会惊讶地发现——在以往的人生中，竟然遗漏了那么多重要的东西。

链接四

观察思维能力测试

选择最合适你的一项，然后把所对应的分数相加起来。

1. 进入某个单位时，你：

a. 注意桌椅的摆放

b. 注意用具的准确位置

c. 观察墙上挂着什么

2. 与人相遇时，你：

a. 只看他的脸

b. 悄悄地从头到脚打量他一番

c. 只注意他脸上的个别部位

3. 你从自己看过的风景中记住了：

a. 色调

b. 天空

c. 当时浮现在你心里的感受

4. 早晨醒来后，你：

a. 马上就想起应该做什么

b. 想起梦见了什么

c. 思考昨天都发生了什么事

5. 当你坐上公共汽车时，你：

a. 谁也不看

b. 看看谁站在旁边

c. 与离你最近的人搭话

6. 在大街上，你：

a. 观察来往的车辆

b. 观察房子的正面

c. 观察行人

7. 当你看橱窗时，你：

a. 只关心可能对自己有用的东西

b. 也要看看此时不需要的东西

c. 注意观察每一件东西

8. 如果你在家里需要找什么东西，你：

a. 把注意力集中在这个东西可能放的地方

b. 到处寻找

c. 请别人帮忙找

9. 看到你的亲戚、朋友过去照片，你：

a. 激动

b. 觉得可笑

c. 尽量了解照片上都是谁

10. 假如有人建议你去参加你不会的游戏，你：

a. 试图学会玩并且想赢

b. 借口过一段时间再玩而给予拒绝

c. 直言你不玩

11. 你在公园里等一个人，于是你：

a. 仔细观察仍在旁边的人

b. 看报纸

c. 想某事

12. 在满天繁星的夜晚，你：

a. 努力观察星座

b. 只是一味地看天空

c. 什么也不看

13. 你放下正在读的书时，总是：

a. 用铅笔标出读到什么地方

b. 放个书签

c. 相信自己的记忆力

14. 你记住领导的：

a. 姓名

b. 外貌

c. 什么也没记住

15. 你在摆好的餐桌前：

a. 赞扬它的精美之处

b. 看看人们是否都到齐了

c. 看看所有的椅子是否都放在合适的位置上

测试标准：

题号	a	b	c
1.	3	10	5
2.	5	10	3
3.	10	5	3
4.	10	3	5
5.	3	5	10
6.	5	3	10
7.	3	5	10

8.	10	5	3
9.	5	3	10
10.	10	5	3
11.	10	5	3
12.	10	5	3
13.	10	5	3
14.	5	10	3
15.	3	10	5

测试结果：

●大于100分

你是一个很有观察力的人。对于身边的事物，你会非常细心地留意，同时，你也能分析自己和自己的行为，如此知人入微，你可以逐步做到极其准确地评价别人。只是，很多时候，做人不能太拘泥于细节，你也应该适当大度一点，往大的方向去看。

●大于75分

你有相当敏锐的观察能力。很多时候，你会精确地发现某些细节背后的联系，这一点，对于你培养自己对事物的判断力非常有好处，同时也让你的自信心大涨。但是，你需要注意的是，很多时候，你对别人的评价会带有偏见。

●大于45分

你能够观察到很多表象，但对别人隐藏在外貌、行为方式背后的东西通常采取不关心的态度，从某种角度而言，你的适当"难得糊涂"，充满了大智慧，你很懂得把自己从某些不必要的事情中"拔"出来，享受自己内心的愉悦。

●小于45分

基本上，可以认为你不喜欢关心周围的人，不管是他们的行为还是他们的内心。你甚至认为连自己都不必过多分析，更何况其他人。因此，你是一个自我中心倾向很严重的人，沉浸于自己无限大的内心世界固然是好，但提防会给你的社交生活造成某些障碍。

游戏乐园四：观察思维训练

1. 小区的窗格

晚上，忙碌了一天的小区居民都回到家中，打开了电灯。从楼下看各家明暗相间的窗子形成了如下所示的效果图。小区一共有 9 个区，你能判断出左面的明暗相间的图是右面哪个区的吗？

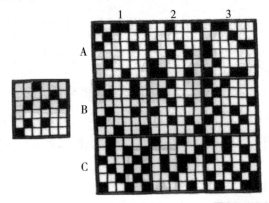

2. 马的朝向

如图是一幅很有意思的马的图案，它到底是朝向你还是背向你呢？你能判断出来吗？

3. 黑白圆圈

请先观察左边的图形是由什么组合而成的，再在下列选项中选出与其相同的一个图形。

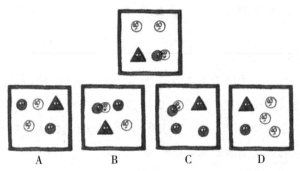

4. 立方体上的图案

仔细观察图。请判断图中哪一个不属于同一立方体？

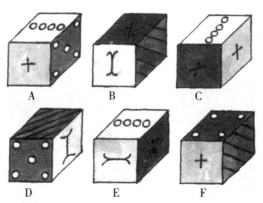

A   B   C

D   E   F

5. 拼正方形颁奖台

左边是运动会颁奖台的平面图。你能不能只剪一刀就将颁奖台拼成一个正方形？

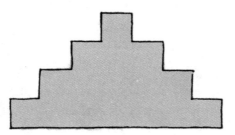

6. 找多余

下列4组方块从表面上看起来非常接近，只有一组比其他组多了一块方块，你能找出来吗？

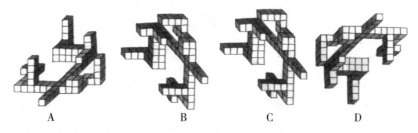

A   B   C   D

7. 丝巾下的海马

下图中的海马被丝巾遮住了一个角，请你仔细观察，然后从 A、B、C 中选择被遮住的图形。

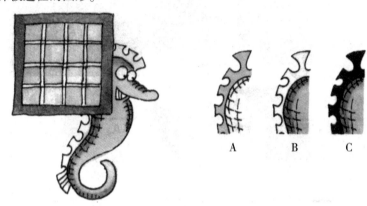

A   B   C

8. 不同的花手绢

舞蹈老师为了准备手绢舞，买来一些花手绢。你能从中找出与其他几块不同的一块吗？

9. 哪个圆圈大

小明在数学课上画了两幅圆圈的图片，请你判断一下，两张图片中中间的圆圈哪个更大一些?

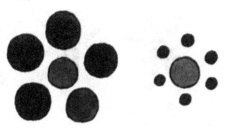

10. 一样的蝴蝶

春天来了，美丽的蝴蝶在花丛中飞舞，红的、白的、黄的……绚丽的颜色和图案看得人眼花缭乱。考考你的眼力，你能从图中找出两只一模一样的蝴蝶吗?

11. 不相称

下边的图，只有一幅图与其他图不同，你能找出来吗?

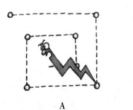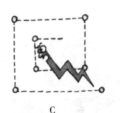

A   B   C   D

12. 八角齿轮

有一个专门生产零部件的工厂，工人们对每一种型号的八角齿轮都很熟悉。请你也来看一看，图中的八角齿轮哪两个是完全相同的？

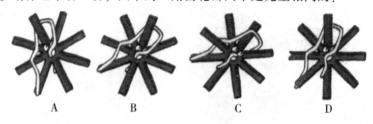

A   B   C   D

13. 不同的蜘蛛

勤劳的蜘蛛兄弟们在网上不停地工作。在它们之中，只有一只蜘蛛与其他两只不同，你发现了吗？

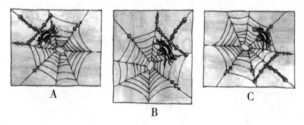

A   B   C

14. 不同的螺旋蚊香

夏天的晚上，蚊子总是在耳边飞来飞去，小明实在难以忍受，就去买了几盘螺旋蚊香。在下列几个蚊香图案中，你能找出与其他图案都不同的一个吗？

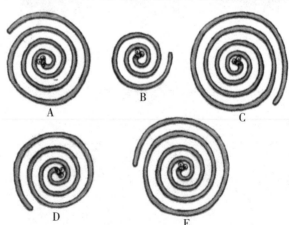

A   B   C   D   E

15. 找不同

下面 7 个图形中，或者完全相同，或者通过变形可以得到相同的图形，只有一个图形与其他不同。请你找出来。

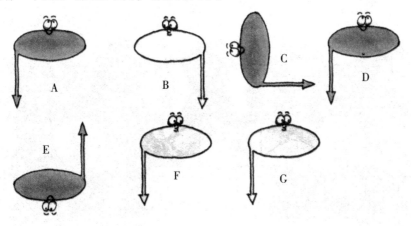

16. 共有几匹马

徐悲鸿非常擅长画马，他画的马惟妙惟肖。如图中也有几匹形态各异的马，你能判断出一共有几匹马吗?

17. 补充图形

下面的图形并不完整，请开动脑筋，从 A、B、C、D 中选出正确的一项填入下图的空缺处。

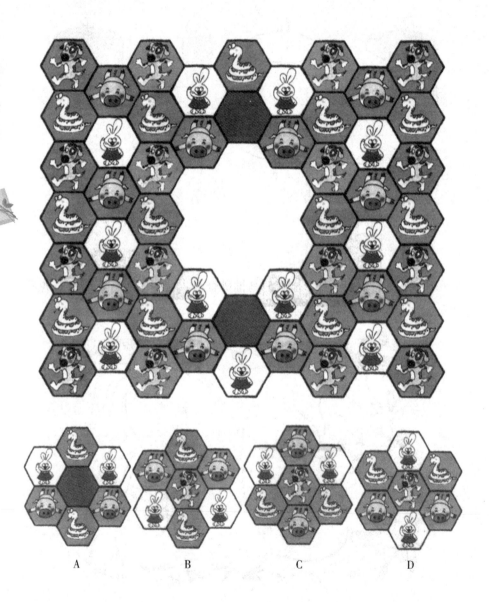

18. 菱形里的数字

请你画两条直线分开图中菱形里的数字，保证被分开的各个区域里的数字的和相等。

想象思维——大珠小珠落玉盘

科学发现和创造的激振器和催化剂

想象是人们对记忆中的表象进行加工另构之后而形成的一种形象思维，它与直觉、灵感一样是一种非逻辑形式的形象思维的产物，甚至有时它夸张了想象的对象这一客体的某些特性。正如库恩说：科学是试错，人们的思维如何去试错，我以为想象仍是思维试错"武器库"中的一种"武器"（方法）。想象，它产生于无数连续不断的印象，有视觉的、听觉的、触觉的、下意识的。这些印象影响个人的意识，并与合理的思想倾向一起形成一个人认识的一部分，因此说想象是人脑在过去感知的基础上对已感知过的形象进行加工、创造、创建出新形象的心理过程，是创造的重要条件。只要历数科学发展的历程，我们会发现，人类科学发展史实质上是一部创造、发现、发明的历史，也可以说是一部科学想象的历史，难道不是吗？只要我们沉下心来，仔细回顾人类科学的历程就不难发现这一结论是何等的正确。

在 20 世纪初，泰勒、贝克和德国的魏格纳等地质学家和气象学家，在观看世界地图过程中都发现南美洲大陆的外部轮廓和非洲大陆是如此相似，遂产生一种奇妙的想象：在若干亿年以前，这两块大陆原本是一个整体，后来由于地质结构的变化才逐渐分裂开来。在这种想象的指引下，魏格纳进行了大量的地质考察和古生物化石的研究，最后以古气候、古冰川以及大洋两侧的地质构造和岩石成分相吻合等多种论据为支持，提出了在近代地质学上有较大影响的"大陆漂移说"，这一学说到 20 世纪 50 年代进一步被英国物理学家的地磁测量结果所证实。可见，"大陆漂移说"的提出离不开上述奇妙的想象。

爱因斯坦想象人追上光速时的情景形成狭义相对学说概念，又在想象人在自由下落时的情景中创立了广义相对论，他对想象力推崇备至，我们大家可能都熟知他的一段名言是："想象力比知识更重要，因为知识是有限的，而想象力概括着世界上的一切，推动着进步，并且是知识的源泉。严格地说，想象力是科学的实在因素。"康德则说："想象力作为一种创造性的认识能力，是一种强大的创造力量，它从实际自然中所提供的材料中，创造出第二自然。在经验看来平淡无味的地方，想象力都给了我们欢娱和快乐。我们甚至用想象力来重新把经验加以改造，当然这种改造是根据类比律、根据理性中更高的原则来进行的。"伟大导师列宁说得更为明确："成功的创造发明都离不开想象。"想象一旦渗透入思维，想象的发展必促进形象思维的发展，才能有完整的创造性思维，有助于创造性思维的发展。

由此可见，想象对于人的思维的拓展和对科学发现的力量是难以估量的。想象思维法是根据事物之间都是具有接近、相似或相对的特点，进行由此及彼、由近及远、由表及里的一种思考问题的方法。它是通过对两种以上事物之间存在的关联性与可比性，去扩展人脑中固有的思维，使其由旧见新，由已知推未知，从而获得更多的设想、预见和推测。

法国思想家狄德罗曾说："精神的浩瀚，想象的活跃，心灵的勤奋——就是天才。"狄氏这段名言告诉我们：想象是天才组成的三要素之一。显而可见，想象是智慧的一部分。

实际上，想象是一种形象上的由此及彼术，可以完成一部分先知先觉。为何想象能够收到由此及彼的效果呢？因为马克思主义哲学告诉我们，世界万事万物都彼此相互联系、相互影响、相互作用，而且不同事物也存在某种结构上的相似性。事物上、下层之间存在部分与整体的分形性。想象就是从思维试错中得出这些同构、分形的形象思维。

只要仔细分析一下想象的活动过程，我们不难发现，想象是认识主体人将其曾经感知过的事物的本质属性和形象，与正在认知探求或曰未知的事物的本质属性和形象之间存在的某些方面的相似性，自觉地联系在一起的思维活动，可见它在一定程度上加快了逼近认识未知事物本质属性的速度和效率。想象的价值还在于它在科学研究的初级阶段起着对科学研究对

想象思维——大珠小珠落玉盘

象的价值判断和方向定位的作用。而想象往往又同直觉相连在一起，比如牛顿发现万有引力，不能不说是苹果落下击中头给他的直觉，进而促使其展开富有创见性的想象，提出假说最终科学地揭示了宇宙万有引力的规律。

一旦充分认识到了想象的价值之后，就应该时刻运用这一有力神奇的思维武器，去敲开未知世界的大门，去发现事物运动的规律，去运用事物运动的规律为人类谋求物质文明和精神文明。从古至今无数科学探索者正是凭借想象的武器为人类生产出了巨大的物质财富和精神财富。

想象思维是建立在逻辑思维之上的正确想象的必然结果。想象思维要遵守三条法则：

1. 接近

即联想的事物之间必须有某些方面的接近与联系，能在时间或空间上使人脑与外界刺激联系起来；

2. 相似

即联想事物对大脑产生刺激后，大脑能很快做出反映，回想起与同一刺激或环境相似之经验；

3. 对比

即大脑能想起与这一刺激完全相反的经验。

思维指南针

> 　　联想在我们的学习中发挥着重要作用，运用旧知识、学习新知识离不开联想，依据学到的知识解决作业、考试中的问题离不开联想，发现和创造更离不开联想。要善于联想和移植，培养良好的思维方法，并借此建立知识间的有机联系，使散点相连。全面加深自己的知识掌握程度和熟练运用程度、提高自己的思维能力，是丰富联想的基础。

想入非非是探索所必需的

我们都知道，实验在科学研究中的重要价值是毋庸置疑的，思维中也需要进行试验。想象实质上它本身就是思维实验的一种方法。我们必须深悟其想象的要害，想象使用的前提条件必然是记忆中熟知的事物与我们正在认识的事物能达到较大程度上的同构性。凡事物具有某些特性上的同构性，则我们就能由记忆中熟知的事物类推到待研究的事物，就能使人们就研究的事物来说收到"能识庐山真面目"的效果。

想象往往起着点燃思维的一种火花的作用，容易迸发出火花，但能否大火燎原则取决于同构分析，只有进行同构分析后能够找到待研究事物与熟知事物具有较大程度上的同构性，想象之火才能不断延伸到事物之心脏，才能弄清事物之本质属性。因此说，一个训练有素的思想家，尽管他们敢于大胆想象并且养成了一种习惯，但是他们在佐证不足的情况下是从不轻易下结论的。而未受过严格思维训练的人，极可能容易马上作出结论，但事实证明正确的概率很小。但决不能因为想象正确的概率不高而否定其价值，想象并非一次成功，就像科学实验一样也不是一次成功的。

爱迪生是在试验了 1600 多种耐热材料和 6000 种植物纤维材料做灯丝都失败之后，用棉线烧成碳丝作灯丝终于成功了。想象也可以通过无数次地进行从而接近认识事物的彼岸。这就是我们熟知的，很多重大的科学发现，可以说是许多科学家进行多次假说基础上进行同构分析从而达到揭示事物本质属性和规律的彼岸的结果。

著名美学家王朝闻说："联想和想象当然与印象或记忆有关，没有印象和记忆，联想或想象都是无源之水，无本之木。但很明显，联想和想象，都不是印象或记忆的如实复现。"在艺术的创作的过程中，联想与想象是记忆的提炼、升华、扩展和创造，而不是简单的再现。从这个过程中产生的一个设想导致另外一个设想或更多的设想，从而不断地创作出新的作品。

想象力是艺术人才创意最基本也是最重要的一种思维方式。想象力也是评价艺术工作者素质及能力的要素之一。想象力说白了无非是在事物之间搭上关系，就是寻求、发现、评价、组合事物之间的相关关系。更进一步地讲，想象力就是如何以有关的、可信的、品调高的方式，在以前无关的事物之间建立一种新的有意义的关系。如艺术设计创意常用的"詹姆斯式思维"方法，这种思维方式就是在根本没有联系的事物之间找到相似之处。具有詹姆斯式思维能力的人，有着敏锐深邃的洞察力，能在混杂的表面事物中抓住本质特征去联想，能从不相似处察觉到相似，然后进行逻辑联系，把风马牛不相及的事物联系在一起。

联想与想象思维方法的训练，较常采用综摄类比法。这是由美国创造学家、麻省理工学院教授首创的一种从已知推向未知的一种创造技法。综摄法有两个基本原则，即异质同化运用熟悉的方法和已有的知识，提出新设想；同质异化运用新方法"处理"熟悉的知识，从而提出新的设想。

思维中的想象离不开联想。例如，由"速度"这个概念，人们头脑中会闪现出呼啸而过的飞机、奔驰的列车、自由下落的重物等，随之还会产生"战争"、"爆炸"、"闪光"、"粉碎"等一系列联想。再如，由叶产生形的联想，如手、花、小鸟和山脉等；由叶的质感产生意的联想，如轻柔、飘逸、旋转、甜美、润泽和生命等。

 思维指南针

> 年龄、学识并非扼杀想象力的凶手，想象力因为知识而变得更加有力、有方向。伟人、奇人不但知识渊博，也同样想象力惊人，因为他们学习知识，更保留着对知识的质疑，相信一定有更多超越已有知识的空间。

链接五

想象思维能力测试

根据下列句子所描述的情形，想一想自己是怎样的，不要再三揣摩题目的答案，因为没有正确答案，只有最符合自己的情形。

1. 你是不是经常幻想自己想知道的事情？

2. 你是不是经常想象自己的未来？

3. 当你与别人争执的时候，你是否会想象对方是怎样思考的？

4. 每当你看到一个新的事物，你是否会觉得它与你知道的某些东西有相似的地方？

5. 当你来到一个新的地方，你是否会想象自己居住在这里的情景？

6. 当你要与父母讨论一件事情的时候，你是否会先想好父母可能想到的几种想法？

7. 你是否经常会有好的想法得到老师父母的夸奖？

8. 你是否经常会做出一些新颖的举动吸引同学们的眼光？

9. 每次出去玩的时候，你是否更喜欢选择不同的地方？

10. 你看电视的时候会哭吗？

11. 听鬼故事的时候，你会不会毛骨悚然？

12. 当你受到批评时，你是不是觉得自己做事总是不对的？

13. 看小说的时候，你是不是会把自己想象成故事中的某个人？

14. 和同学一起出去玩的时候，你是不是经常会有好主意？

15. 你幻想的时候是不是经常有故事情节？

16. 当你向别人讲起自己的某个经历时，会不会故意夸大其词，以便吸引别人的注意力？

17. 看《卖火柴的小女孩》时，你是不是觉得小女孩应该有更好的结局？

18. 在与一个陌生人交谈之前，你能想象自己可能会怎样与他交谈吗？

19. 当老师沉着脸走进课堂时，你能想象到老师为什么会这样吗？

20. 爸爸很晚还没回家，你是否会想象爸爸可能在做什么？

21. 你喜欢玩拼图吗？

22. 你喜欢想一些不会在自己身上发生的事情吗？

23. 你喜欢想象自己有一天成为心目中的人物吗？

24. 你会自己把歌词改成自己喜欢的词吗？

25. 你是不是经常会回想别人与你聊过的事情？

想象思维——大珠小珠落玉盘

评分标准：

答"是"记1分，答"否"不记分。

测试结果

0~8分

这说明你的想象力不太好，你似乎一点也不能进入想象的世界，是一个比较实际的人；

9~17分

说明你的有一定的想象力，你能够站在别人的立场上去思考问题，但是你却经常把想象认为是一种空想，尽力想要避免想象；

18分以上

说明你的想象力非常出色，具有一定的艺术天赋，但是，有时候容易想象过于丰富，从而导致对外界事物过于敏感。

游戏乐园五：想象思维训练

1. 画出水杯

图中有3个水杯，如何在此图的基础上再添加一笔，使图中共有5个水杯呢？

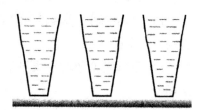

2. 分月牙

怎样用两条直线把一个月牙分成6个部分？

3. 不重叠的三角形

用7条直线最多可能画出几个不重叠的三角形？

4. 小鱼藏在何处?

图中这条小鱼由几个小图形构成,你能在下图中将它找出来吗?并将小鱼儿涂上颜色,你只需涂上三个图形,就会发现它了。

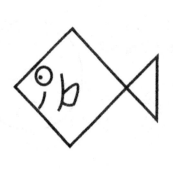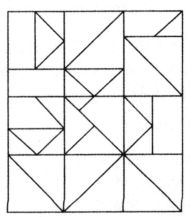

5. 图形组合

图中的正方形边长和等腰直角三角形的两条直角边是等长的。如何利用这些图形,拼成一个三角形?

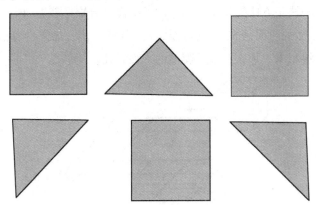

6. 宝石的轨迹

(1) 如果把边缘镶有一颗宝石的轮子放在一个平面上(如图一所示),并使轮子在平面上滚动起来,那么,宝石在轮子滚动时留下的轨迹是什么样子的呢？

图一

（2）如果让镶有一颗宝石的轮子在大铁圈内侧滚动（如图二所示），宝石在轮子里滚动时留下的轨迹是什么样子的呢？

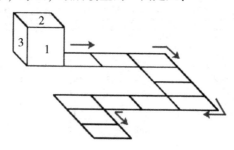

图二

7. 词语猜谜

词语一：法国大革命。

词语二：广播。

词语三：塞纳河。

词语四：建筑。

你能猜出与这四个词语有关的事物或概念吗？

8. 翻动的积木

图中是一块正方体的积木，积木的各个面上分别标着1～6六个数字。1的对面是6，2的对面是5，3的对面是4。如图所示，如果沿着箭头指引的方向翻动这块积木，那么，最后朝上的一面是几？

9. 生日蛋糕

现在有一块大蛋糕，如果想用3刀把它切成形状相同、大小一样的8块，而且不许变换蛋糕的位置，该怎样切？

10. 盲人取袜

两个盲人分别买了两双黑袜子和两双白袜子，八只袜子的布质、大小完全相同，且每双袜子都由一张商标纸连着。两个盲人不小心将八只袜子混在了一起。

请问：他们怎样才能分别取回黑袜子和白袜子呢？

11. 纸环想象

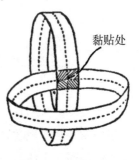

黏贴处

用两条宽度和长度相同的纸带做成两个圆环。把这两个圆环相互黏在一起，然后沿虚线剪开来，如图所示。

请问：剪开之后的形状是什么样子？

12. 单摆

图中是一个单摆，绳子的一头系着一个小球。如果当球摆动到最高点的一刹那，绳子突然断了，那么，小球将如何落下？

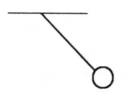

13. 硬币转转转

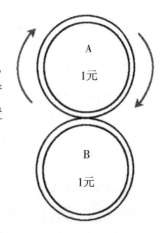

如图所示，两枚同面值的硬币紧挨在一起，硬币 B 固定不动，硬币 A 的边缘紧贴 B 并围绕着 B 旋转。当 A 围绕着 B 旋转一周回到原来的位置时，它围绕着自己的中心旋转了几个 360 度？

直觉思维——等闲识得春风面

打开内在潜藏的智慧

直觉，或说第六感，是现代心理学经常提及的一个词。随着科学技术的迅猛发展和生理学研究的不断深入，人们对自身的认识也越来越清楚。科学实验表明，人体除了有视觉、听觉、嗅觉、味觉和触觉等五个基本感觉外，还具有对机体未来的预感，生理学家把这种感觉称为"机体觉"、"机体模糊知觉"，也叫做人体的"第六感觉"。

直觉思维是指不受某种固定的逻辑规则约束，而直接领悟事物本质的一种思维形式。直觉思维具有迅捷性、直接性、本能意识等特征。直觉作为一种心理现象贯穿于日常生活之中，也贯穿于科学研究之中。

对直觉的理解有广义和狭义之分：广义上的直觉是指包括直接的认知、情感和意志活动在内的一种心理现象，也就是说，它不仅是一个认知过程、认知方式，还是一种情感和意志的活动。而狭义上的直觉是指人类的一种基本的思维方式，当把直觉作为一种认知过程和思维方式时，便称之为直觉思维。狭义上的直觉或直觉思维，就是人脑对于突然出现在面前的新事物、新现象、新问题及其关系的一种迅速识别、敏锐而深入洞察，直接的本质理解和综合的整体判断。简言之，直觉就是直接的觉察。

小孩亲近或疏远一个人凭的是直觉；男女"一见钟情"凭的是各自的直觉；军事将领在紧急情况下，下达命令首先凭直觉；足球运动员临门一脚，更是毫无思考余地，只能凭直觉。

科学发现和科技发明是人类最客观、最严谨的活动之一。但是许多科学家还是认为直觉是发现和发明的源泉。诺贝尔奖获得者、著名物理学家玻恩说："实验物理的全部伟大发现，都是来源于一些人的'直觉'。"

一般而言，对直觉思维所得出的结论，没有明确的思考步骤，主体对其思维过程没有清晰的意识。美国化学家普拉特和贝克曾对许多化学家进行填表调查，在收回的 232 张调查表中，有 33% 的人说在解决重大问题时有直觉出现。有 50% 的人说偶尔有直觉出现。只有 17% 的人说没有这种现象。

直觉思维的类型有：

1. 艺术直觉

艺术家在创作过程中由某一个体形象一下子上升到典型形象的思维过程。

2. 科学直觉

科学家在科学研究过程中对新出现的某一事物非常敏感一下就意识到其本质和规律的思维过程。

1. 直观性

直觉是对具体对象的直观，从整体上把握对象。没有直观的对象，是难以产生直觉的。它既不同于灵感，也不同于逻辑思维。

2. 快速性

直觉凭以往的经验、知识，直接猜度问题的精要。是用敏捷的观察力、迅速的判断力对问题做出试探性的回答，结论不一定十分可靠，必须再用经验思维、理论思维进一步证明。

3. 跳跃性

直觉产生的形式是突发的和跳跃式的。直觉思维的出现是在大脑的功能处于最佳状态的时候。

4. 个体性

它与思维者的知识经验和思维品质相联系，表现出直觉的个体特征。

5. 坚信感

主体以直觉方式得出结论时，理智清楚，意识明确，这使直觉有别于冲动性行为，主体对直觉结果的正确性或真理性具有本能的信念（但这并不意味着取消进一步分析加工和实验验证的必要性）。

6. 或然性

非逻辑思维是非必然的，有可能正确，也可能错误，表现出直觉思维的局限性。

 思维指南针

> 直觉思维能力的培养需有以下几个前提：
>
> （1）要有广博而坚实的基础知识。直觉判断不是凭主观意愿，而是凭知识、规律。
>
> （2）要有丰富的生活经验。产生直觉仅凭书本知识是不够的，直觉思维迅速、灵活、机智，需要有较多的经历，经历过困难，解决过各种复杂的问题。
>
> （3）要有敏锐的观察力。要有审查全面的能力，较快地看清全貌。

闭目倾听你的"第六感"

荷兰一位知名心理学家曾经做过一个有趣的实验：将一群志愿者分成两组。每组人分别阅读一份租房名单，上面列出了各套待租房子的详细情况，让两组人看后做出他们的选择。名单上详尽地写有十几套房源，而每组人员只有3分钟时间来消化并吸收这些信息。在这3分钟之内，第一组可以仔细地考虑和计算，而第二组却被心理学家有意打扰，分散他们的注意力，根本没有办法集中精神专注思考。3分钟之后两组分别要回答最后选择了哪套房子？结果是，并没有很多时间思考的第二组做出正确选择的人数

要比第一组多得多。这个实验得到的结论是：潜意识有时能战胜理性的分析和推理，帮助你做出最正确的决定。

1. 动物的"第六感"是独特的认知窗口

尽管科学界还没有给"视、听、嗅、味、触"这五大感觉之外的"第六感"命名，但相关的研究却并不少。科学家曾根据这个感觉的特征——直接影响人们感情、情绪、提议将其命名为"类嗅觉"或者"情觉"，而国外目前通常的称法为"费洛蒙感觉"。

第六感研究领域最主要的讯息来源是动物界。动物心理学家丹尼斯·巴登在《动物心理学》一书中，用很大的篇幅描绘了动物的"第六感"。书中提到，1940年希特勒对伦敦进行大规模轰炸，在德国飞机袭击前数小时，有一些猫就在家中来回走动，频频发出尖叫声，有些咬着主人的衣裙拼命往外拉，催促他们迅速逃离。

动物发出的种种奇特信号，使得科学家开始破译动物神秘的第六感。英国生物化学家鲁珀特·谢尔德雷克20年来一直从事科学实验，他认为心灵感应和预感等现象可以从生物角度得到解释，它们是正常的动物行为，它经过了数百万年的演变，是为适应生存的需要而形成的。谢尔德表示，人类的第六感同样是从祖先那里继承的技巧。

2. 人类大脑"第六感"可预警危险

动物的第六感给科学家以参照，有学者进一步认定，人类的认知系统中也有着独特的"第六感"。

2005年底时，美国有科学家撰文称，人类大脑可能具有"盲视"的功能。人类可以不通过感觉器官而直接感应到外界信息，近似于一种"第六感"。华盛顿大学的科学家去年的报告指出，大脑额叶部区域可早于人类意识之前感知到危险，并且提供早期的警告帮助人类逃脱。

研究人员在研究中发现，脑部的一块区域——又被称为前扣带皮质，可能会觉察出环境中细微的变化，并起到预警作用，提醒人们逃脱困境。

目前，人们已知道，前扣带脑皮质是大脑执行控制系统中的一个重要部分。它能够帮助调节诸如寒冷、坚硬等感受，进行事实基础上的推理，以及产生爱、恐惧或者预感等情绪反应。现在，研究者对它又有了新的认识。

"这是一个信息处理区域，根据信息在决定形成过程中的作用来区分处理的先后顺序。看起来，它能够把有关动机和效果的信息联系起来，从而带来认知的变化，改变人们对事物的看法。"

3. 人类"第六感官"在进化中消失

在对动物界进行探索后，科学家指出动物界普遍存在着对外激素的感觉。外激素是动物分泌的化学物质，用于影响同种动物的行为。通过研究，科学家认定感觉外激素的器官叫做犁鼻器，这是一个位于鼻中隔底部的软骨结构。

目前，人类外激素也已被科学界确认，只是，接受人体外激素的器官犁鼻器却已高度退化。只有在胎儿和新生儿中，还有明显的犁鼻器结构。

与此同时，随着更多的科学研究，科学家发现在人类身上还存在着其他"第六感官"，这些也是通过对动物的比较研究得出的。

鲨鱼在捕猎和水中游弋时能迅速地感知到电流信号。这种超强的能力曾被视为鲨鱼的第六感。日前，美国科学家马丁·科恩及其实验室称发现了这一第六感官，并指出人类也具有此感官。

马丁·科恩指出，鲨鱼头部有个能探测到电流的特殊细胞网状系统，被称为电感受器。鲨鱼就利用电感受器来捕食猎物。同样，鲨鱼还能借助地球磁场在浩瀚无边的海洋中辨别方向。马丁·科恩认为这就是鲨鱼具有第六感的表现。

为了对鲨鱼的第六感进行探究，美国研究人员对小斑点猫鲨的胚胎进行了研究。通过分子测试，他们在鲨鱼的电感受器中发现了神经嵴细胞的两种独立基因标志。神经嵴细胞是胚胎发育早期形成各种组织的胚胎细胞。研究结果显示，神经嵴细胞从鲨鱼的脑部转移至其头部的各个区域，并在其头部发育为电感受器，成为鲨鱼独特的"第六感"。

人类的神经嵴细胞对人面部骨骼和牙齿的形成起着重要的作用。研究成员之一的路易斯安那大学的生物学家詹姆斯·阿伯特表示人类也曾具有这样的电流感受能力。科学家认为所有的原始脊椎动物，包括人类早期祖先在内都具有电流感受能力。但随着它们的进化，哺乳动物、爬行动物、鸟类和其他一些海洋生物，如鲟鱼和七鳃鳗等还仍旧保留着这种"超能力"。

　　睡觉是一种既舒适又可以产生第六感的绝妙方法。因为只有在睡着的时候，人的第六感才能进入最佳的工作状态。"每天都要给自己留出一点休息的时间"，心理学家补充说，"把放松20分钟当作每天必做的功课。方法有很多，可以出去散散步，也可以在一个既没有人也没有电话的房间里安静地坐一会儿。"那在这20分钟里都该干些什么呢？心理学家的建议是："可以把自己放置到一个理想状态，比如选一个最喜欢的地方，摆一个最舒服的姿势，然后让自己想象最幸福的画面；或者简单些，让自己的思想去一个美丽的地方做一次愉快的神游。"

思维指南针

　　生活中还可以选择画画、唱歌或是写作，比如时下流行的博客。还可以通过训练容易"忘却"的感觉，例如嗅觉，来激发你的潜意识。比如让自己蒙上眼睛来辨别25种不同的物品，就是一种最简单的方式。通过这样的训练，你可以逐渐学会运用各种方式和资源来进行推理判断，甚至用已经训练熟练了的潜意识在最短的时间内做出反应，人也会变得越来越自信。

先知先觉赶头班车

　　1975年1月，比尔·盖茨还是哈佛大学法律系二年级学生，一天他从"大众电子学"封面上看到MITS公司研制的第一台个人计算机照片。该计算机使用了Intel 8080CPU芯片（8位机），他马上认识到，这种个人机体积小、价格低，可以进入家庭，甚至人手一台，因而有可能引起一场深刻的革命。不仅是计算机领域的革命，而且是整个人类社会生活方式、工作方式的革命。他意识到这是千载难逢的机遇，他下定决心要紧紧把握住这个机遇。

比尔·盖茨的这个想法在当时是异乎寻常的，是与当时计算机界的主导思想背道而驰的。当时统治计算机王国的是 IBM 公司，他们的看法是微型的个人电脑不过是小玩意，只能玩玩游戏，简单应用，不能登大雅之堂，领导计算机的发展潮流只能靠大型机、巨型机。正是比尔·盖茨奇特的求异思维、逆向思维和敢于向传统、权威挑战的精神才导致他巨大的成功。他对自己说，必须抓住这个一生中最宝贵的机遇，他这样说了，也确实这样做了。他知道若没有便于用户掌握的计算机程序语言，个人电脑难以普及，他主动写信给 MITS 公司老板，要为他的个人电脑配 BASIC 解释程序。在他的好友艾伦的帮助下，花了 5 个星期时间终于出色地完成了这一任务，为个人电脑的普及作出了重大贡献。接着他从哈佛中途退学并和艾伦创办了自己的公司"Microsoft"，这就是现在闻名遐迩的"微软"。

这就是直觉思维判断的结果，青少年要培养这种"赶头班车"的意识。

"赶头班车"是一种宝贵的时间观念，有利于培养人们的"超前意识"，应大力提倡。在相对有限的时间内，"超前"还是"滞后"，决定着人们或慢或快到达目的地。这里有个被人忽视的"时间差"。

"赶头班车"会给你留有余地。可以从容赶路，可以从容地坐在书桌前，按计划预习当天的功课。如果你愿意，还可以为今天的值日生做点好事，或者把语文课本有声有色地朗读一遍，以提前进入"角色"。不必像乘高峰车跑进教室那样，还没等坐好，就因被老师提问而窘态百出。

"赶头班车"教你不随大流。随大流固然热热闹闹，但难免要磕磕碰碰，吵吵嚷嚷。要看到，车辆和行人拥挤的高峰，会把宽敞的大街变成羊肠小道。你"超前"行动，就会脱颖而出，早于别人到达目的地。如期末考试，那些提前进行总复习的同学，往往取得一科又一科的好成绩。而临阵乘"夜车"，慌乱地去抱佛脚的，总是成绩不如意。

 思维指南针

> 人生几何，学海无涯。做一个"赶头班车"的人，做知难而进、勇敢进取的刻苦者，以乐观自信的心境，开始新一天的学习生活。不能设想，一个厌倦生活、无心攻读学业的人，会去"赶头班车"。

直觉会告诉你如何决定

直觉是代表人类如何思考和行动的特质。虽然我们通常被教导要保持冷静和理性，要依靠数据和逻辑，但是，完全不受直觉影响而作决定几乎是不可能的。直觉就像一位造访我们大脑神经的不速之客，而它同时也是学习、锻炼和经验累积的产物，只要你愿意，经过锻炼的直觉可以变得更加准确和有效。

直觉有时真的很准

如果我们能把直觉和恐惧、偏见和意愿区分开来，直觉有时候能够成为一种挽救生命的力量。小孩子发烧了，这本来很平常，但是直觉敏锐的父母会立即采取行动，结果及时发现原来小孩子患了脑膜炎。

直觉的应用在商界也很普遍。英国和美国有研究发现，九成的管理人员在用人、新产品研发和商业策略上会运用直觉，其中 2/3 的人认为直觉有助做出更好的决定。

关于直觉在商界的应用有很多著名的例子。维珍创始人理查德·布兰森曾在自传中表示，他通常在 30 秒内决定自己是否对一个人或者一项商业计划感兴趣。

麦当劳连锁店创始人莱·克洛克也表示，在 1960 年，他在直觉的指引下，不顾律师的反对，毅然贷款 270 万美元买断麦当劳连锁店的所有权。

准确的直觉的先决条件是大量的学习和经验积累。

直觉处在思考和感觉的交叉点，由洞察力和智慧支持。直觉不同于本能，而是原始本能和适应行为的结合。现代认知科学研究成果也告诉我们，人类大部分的思考过程是无意识的。语言学家乔治·拉科夫和哲学家马克·约翰逊形容有意识的思考过程只相当于冰山的一角，其余 95% 都是无意识的思考。

以下几个方法，可以帮助我们找回这个能力：

1. 放松独处

不管是散步、独自开车、躺在床上休息或淋浴泡澡，都是体察内心深处、找回直觉的最好时刻。

画家达·芬奇在创作"最后的晚餐"时，会连日在鹰架上工作，也会一声不响就停下来休息。达·芬奇善于让工作和休息轮番上阵，酝酿出美好的艺术作品。《达·芬奇的7种天才》一书中说："找出你的酝酿节奏，并学着信赖它们，这是通往直觉和创造力的简单秘诀。"

很多人都有类似的经验，把一个问题带上床，醒来时就得到解答。只有在放松、放慢脚步的时候，才有机会听到内在的声音，找到决策时所需要的直觉。

2. 保持心思意念的单纯

当我们心里充满杂念或忧虑的时候，我们不但听不到心里的声音，也没办法接收外在的讯息。从事摄影工作的莉莉安是个直觉很强的人，她认为每个人都有这个能力，她为了创作刻意保持的专心，让她有很强的直觉。

3. 不要轻易打发突如其来的想法、或没有预期的感动或情绪?

直觉总是在无意之间翩然来到，我们所要做的是去听清楚那是什么东西?而不是急急地否定或压抑它。

4. 学着使用直觉判断事情，并注意如何能成功地运用直觉

可以从小事开始练习，只给自己几秒钟的时间决定事情，例如点什么菜?穿什么衣服?或看哪一部电影?也可以用心里第一个反应去预测事情，当电话响的时候，猜猜看是谁打来的?这些练习可以锻炼直觉的能力，帮助你用直觉来决定事情，而不是用理性的思考来寻找答案。

5. 记录自己的直觉或灵感

写下突如其来的想法、或者有关直觉的具体观察。长期记录它们，有助于辨认直觉与错觉。直觉开发专家萝珊娜芙提出一个"三定律"来教人

辨认直觉。"当一个想法出现的时候，让它走。当它再出现的时候，再让它走。假如它第三次再回来，就可以放心的听从这个感觉。"

透过简短的笔记或长期的日记，可以帮助自己了解曾经有过什么样的感动或灵感？长期的纪录甚至可以连成一个具体的结果。

达·芬奇就是个勤于做笔记的人，他随时写下他所看到的、想到的东西，许多创作就是从这些笔记一点一滴出来的。

 **思维指南针**

> 假如我们能够了解，直觉是人类另一个认知系统，是和逻辑推理并行的一种能力，或许我们比较能够接受直觉的存在。让直觉进入我们的生活，与思考的能力并行，就像打开车子前面的两个大灯，同时照亮我们左右两边的视野。

勤奋思考的收获

灵感是艺术创作的重要方式之一，是他们进行创造性思维的源泉。灵感不是本能冲动的产物，而是思维的果实。

灵感在科学研究中起着极其重要的作用。历史上许多科学家取得创新成果并不一定是运用了逻辑思维的结果，而是得益于顿悟与灵感。古希腊科学家亚里士多德通过月牙上的弧形阴影，用直觉联想全形才获得地球可能是圆形的天才预见。英国著名史学家吉本年轻时立志编史，但苦苦思索却一直定不下题目，有一天在罗马凭吊古迹时，触发灵感，才决意写一部罗马史。他自己这样叙述说："1764 年 10 月 15 日，就是在罗马，伫立在这座古都的废墟里，在夕阳残照中缅怀往事，陷于沉思时，看到那些赤着脚的修道士在朱庇特神庙里唱晚祷诗，于是脑海里第一次闪过一个念头：要写一部罗马帝国衰亡史。"之后经过 20 年的不懈努力，吉本果然完成了《罗马帝国衰亡史》这一体大思精的煌煌巨著。

可见，灵感是在意识过程已经进行了一段思维的基础上，在潜意识里进行的一种大跨度的思维。它的特点有两个：

1. 直接进入创作中的难点或关键性的艺术环节

马雅可夫斯基有一次在诗里，为了要表现一个孤独的男子对爱人的钟情，苦思两天都想不出恰当的诗句，第三天晚上他睡到半夜，似醒非醒的时候，脑子里突然闪出了他要找的那几句诗："我将保护和疼爱/你的身体/就像一个在战争中残废了的/对任何人都不需要了的兵士爱护着/他唯一的一条腿。"马雅可夫斯基在潜意识中获得的这种灵感，就是由跨越性思维产生的。那个男子怎样同情人相爱，又为什么如此钟情，这些已经由意识过程思考好了，现在要解决的，是如何把他的这种钟情形象动人地表现出来。所以，在潜意识中就可以跨过前面的各道思维程序，直接越入眼前成为障碍的艺术环节，去发现那"唯一的一条腿"。这是一种对于常规思维过程的跨越，它说明高层次的潜意识，具有能够大大加快思维速度的功能，以至可以称作高速思维，因为它快得连意识也无法觉察，似乎是瞬间就创造了奇迹。

2. 这种跨越性思维还可以扩大联想跨度

创作离不开联想的心理活动，但是文艺家在创作中，用相近或相似的表象进行联想时，不一定都能够解决他在艺术上碰到的难题，以致在意识过程中，即使苦思苦索，也联想不出什么名堂。然而，潜意识中的跨越性思维，往往能够帮上大忙。相近的联想不行，它可以跑到远处，用扩大联想跨度的办法，把两个毫无内在联系的事物，来它一个"千里姻缘一线牵"。列夫·托尔斯泰就是这样把牛蒡花和英雄哈泽·穆拉特牵在一起而产生了创作灵感。

灵感是在高层次的潜意识中孕育，通过某些独特的潜思维形成的。但是这个过程，人是意识不到的，即使它已点石成金，如果不跃入意识领域，那你永远也无法知道它的存在，因而也无法捕捉。而它什么时候涌现，又不是由意识控制的。那么灵感是怎么进入意识而被捕捉到的呢？有些科学家和文艺家根据他们的研究或体验，曾经提出过颇富启发性的看法。十九世纪英国数学家汉密尔顿就认为，灵感是"思想的电路接通"而爆出的"火花"。他实际上就是指潜意识和意识之间存在着互相联系的思想电路，一旦接通了，灵感就会进入意识。苏联心理学家罗坚别尔格曾指出，创造中的直觉和灵感，"反映着意识和无意识心理现象的协同关系"。诗人艾青也说过，灵感"是诗人对于事物的禁闭的门的偶然的开启"。他讲的"禁闭的门"，就是指潜意识的门，只有在它偶然打开时，灵感才能蹦跳出来而被意识到。可见灵感能否涌现，关键就取决于潜意识和意识之间能否贯通。

 **思维指南针**

> 　　灵感多在长期紧张思索后的暂时松弛状态下，或在人们情绪特别高涨时产生，因此要注意保持良好心态和充沛精力以待灵感到来。
>
> 　　一旦灵感产生，就应立即抓住，详细地记录下来，以免丧失良机，后悔莫及。可以在身旁手边经常备有一些纸笔，随时记下思考所得，养成习惯，这样灵感到来时也就能及时捕捉了。有的科学家、文学家睡觉时突然产生了灵感甚至急忙爬起来将它记在床单上、衬衣上。

成功不是偶然的意识

　　灵感是居于非理性认识的范围，非理性是指那种不自觉的、不必通过理性思考，无固定秩序和固定的操作步骤就能迅速获得关于特定过程（事物）的本质或规律的认识。灵感具体表现为尽力摆脱原先的理性思考定式，充分利用非理性因素（情感、情绪、意志、欲望、本能等）对认识的积极作用，从而达到事先无法预料的戏剧性效果。

　　灵感是创新者有意识地追求某一既定目标而久攻不克之时。偶然受到某种启示而茅塞顿开，头脑中闪现出一个念头，从而找到解决问题的关键，使既定目标最终得以实现。这种奇妙的创新思维方式，在人类数百万年的历史中具有无可比拟的特殊作用。古今中外的思想大师和专家们都非常重视和倡导它。

　　创新的关键在于灵感的获得，而灵感的产生与许多内在和外在因素有关。

直觉思维——等闲识得春风面

1. 灵感与创新欲望

人的认识过程是一个从外部获得信息进行贮存、判断、分析、想象的综合过程。外部信息从大脑的感受器进入贮存区以后，通过判断区对所接受和整理的信息分析处理。当创新者围绕某一具体目标渴望有所突破的时候，一旦因外界的某一刺激而受到原型启发，或由于无意间的某种联想。或由其他思维的触类旁通机制，忽然间把创新者的各种能力充分发挥出来了，把智力活动提高到了一个崭新的水平。此时此刻，记忆储存的信息重新排列、组合，联想高度活跃，思路接通了，霎时恍然大悟。于是所谓的"灵感"就产生了，这样的例子在科技史上不胜枚举。如著名生物学家朱洗，他为了培养一种经济价值高、不吃桑叶的新蚕种，曾经选择了好多种蚕与印度的蓖麻蚕杂交，但都没有得到满意的结果。在一个夏夜，实验室里偶然飞进一只梅蚕蛾在灯前翻腾，却使他的思路一下子打开。他想到梅蚕和蓖麻蚕是同居，可以进行杂交，为什么不用它试一下呢？经过实验果然成功。

古人言："知者不如乐者，乐者不如好者"，兴趣能激发出灵感和人的潜能。法国物理学家德布罗意早先学的是历史，但他对历史的兴趣平平，后在其兄长的影响下对物理发生兴趣，转而攻读物理。很快就写出有关物质波概念的物理学博士论文，一举成为诺贝尔奖获得者。

创新是一个艰苦的过程，漫长的研究和案头工作有时极其枯燥，无丝毫趣味可言。对事业的兴趣、对未知事物的探索感和成功的愿望，可以掩盖当事人对研究工作中的困难、枯燥和孤寂心理。

欲望是灵感产生的催化剂和强大的驱动力。没有强烈的创新欲望，即使你的知识很渊博，那也只是一个知识库，决不会有什么创新成果。

2. 灵感与知识的积累

知识和信息是创造活动中不可缺少的因素。知识渊博是创新者出成果的特点。科学家的思维灵感是他们长期刻苦钻研、积累知识的报酬，积累的过程是量变，灵感的到来是质变。知识是灵感的根基，只有具备各种各样的知识，了解当今科学技术发展的新信息，才能在创造中取得新的成就。

科学史上的无数事例充分证明了这一点。为什么16岁的爱因斯坦能够想象到人追上光速会怎样的问题，而最终创造了狭义相对论的理论呢？这和他的知识结构有关。据有人调查，他12岁时就广泛阅读了通俗的自然科学读物，对欧几里得几何产生了强烈的兴趣，13岁，开始阅读康德的哲学著作；16岁自学微积分，而获得有关数学和物理学的基础知识。正是由于具备了这些知识，才使他有可能大胆地提出了震惊世界的狭义相对论。确立了化学元素周期律而闻名于世的门捷列夫，堪称俄国历史上最伟大的"世界级"化学家。正是凭着他那渊博的知识和惊人的洞察力，及想象力所产生的预见在科学实验中探索客观规律和追求科学真理的，尤其在他撰写《化学原理》和创立元素周期律伟业中无时无刻不闪耀着科学创造和辩证思维的光辉。可见，知识越丰富，创造性思维的灵感的火花越能经常出现，越容易取得新成果。无论任何一种专业，创造者必须具备足够多的专业知识，储备足够多的思维材料，才能进行有效的创造性思维活动。所以说一个人创造水平与这个人的知识量是成正比关系的。

3. 灵感与勤于思考

创造者们都有强烈的专一思维，这种思维专一的强烈往往达到如痴如狂的地步。古希腊大科学家阿基米德，当敌人的刀剑举在他头上时，仍然专心思考自己醉心的几何问题。牛顿在思考问题中，忘掉了自己吃没吃饭和昼夜的交替，甚至把手表当做鸡蛋煮了也不知道。一提到牛顿万有引力的发现，人们就想起那个苹果落地引发他发现万有引力的故事，其实那不过是他思考万有引力的缘起，牛顿从最早萌发万有引力的灵感到最后的定律的形成，中间经历了21年的深思熟虑和艰苦计算。爱迪生在想发明中的难题时。往往不间断地连续思考几天几夜，直到想通了才能成眠。

灵感是思维活动中一种质的飞跃，灵感是经过长时间的实践与思考之后，思维处于高度集中化与紧张化，又因所考虑的问题已基本成熟而又未最后成熟。一旦受到某种启发而融会贯通时所产生的新思想，灵感也是以实践为基础的。因此，灵感是对人们艰苦劳功的奖赏，它偏爱那些孜孜以求、百折不挠的创造者，而与懒惰者无缘，这就是所谓灵感来自勤奋。

西方有句谚语："机遇到来的时候，上帝偏爱有准备的头脑。"让自己的身心围绕创造活动充分地准备吧！要在掌握丰富的材料和相关知识基础上，精神高度集中，情绪饱满地投入思考，长期持续下去，大脑中便深深印上某些信息刻痕。充分运用各种心理的、智力的手段展开探求。如精密的观察、集中的注意、丰富的想象、大胆的思维等配合起来，一旦受某种刺激触发，灵感就脱颖而出了。如果思考不集中且常被打断，就不能迸发出灵感。

身心放松，充分发挥冥想的作用

灵感以新颖的前所未有的方式解决了问题，富有创造性，这也正是灵感的魅力所在。

迪斯尼乐园是孩子们的智慧王国，其中，"米老鼠"更是蜚声全球。每当它那可爱的形象出现，孩子们喜了，大人们乐了，连老人们也笑了。可你知道"米老鼠"是怎样问世的吗？

米老鼠的创造者是华德·迪斯尼。他的生活曾是穷困潦倒、一贫如洗。他和妻子曾多次因付不起房租而被赶出公寓。有一次，这对无处可归的年轻夫妇只好到公园去，坐在长椅上考虑前途。

"今后的生活该怎么办呢？"焦虑万分的夫妇俩无言相对。

这时，从他们的行李里，忽然伸出了一个小脑袋，原来，那是华德·迪斯尼平常所钟爱的鼷鼠。想不到这只鼷鼠竟跑到他那绝无仅有的小行李里，跟他一起搬出了公寓。这真使他有些感动了。

瞧，那滑稽的面孔，迷人的眼睛，夫妇俩看见这似乎想替人解忧的鼷鼠的面孔，一时竟忘记了现实的烦恼。

太阳开始落山了，晚霞慢慢笼罩了大地。迪斯尼忽然惊喜地叫嚷道："对啦！世界上像我们这样穷困潦倒的人一定很多。让这些可怜的人们，也

来看看这鼹鼠的面孔吧！把它的面孔绘成漫画，来抚慰那些哀伤和烦恼的心灵吧！对啦！对啦！就是它，就是它，就是它的面孔！"就这样，脍炙人口的"米老鼠"便诞生了，它走出了美国，跨出了美洲，踏遍了整个世界。这灵感之果米老鼠，已不是原来的鼹鼠，而是一种独特的创造物。

虽然人的意识不是灵感产生的直接动力，也无法预料灵感的来临，不过人还是可以通过有意识地创造条件，去诱发灵感产生的。从古今中外许多文艺家所提供的大量创作例证中，可以看到一个带普遍性的现象：灵感几乎都是在脑筋放松，心情舒闲的情况下出现的。这就是诱发灵感的一个重要心理条件。为什么这样说呢？因为在脑筋放松、心情舒闲的心理状态下，特别容易引发潜意识的活动。如果用弗洛伊德的理论来解释，脑筋放松，心情闲适，实际上就是撤销了意识对潜意识的监视和压制，给了潜意识以活动的自由。如果从高级神经活动过程来看，这就是相互诱导规律所起的作用。

1. 外部机遇诱发

（1）思想点化。一般在阅读或交流中发生。如达尔文从马尔萨斯人口论中读到"繁殖过剩而引起竞争生存"时，大脑里突然想到，在生存竞争的条件下，有利的变异会得到保存，不利的变异则被淘汰。由此促进了生物进化论的思考。这就是思想点化。

（2）原型启发。这是根据自己要研究的对象的模型启发，而产生的灵感。例如英国工人哈格里沃斯发明纺纱机的经过，就是受到原来水平放置的纺车，偶然被他踢翻变成垂直状态的启发才研制成功的。

（3）形象发现。如意大利文艺复兴时期的著名画家拉斐尔，想构思一幅新的圣母像，但很久难以成形，在一次偶然的散步中，看到一位健康、淳朴、美丽、温柔的姑娘在花丛中剪花，这一富有魅力的形象吸引了他，立刻拿起画笔创作了"花园中的圣母"。

（4）情景激发。作家柳青经过农村生活的体验写出了《创业史》，但7年后，当他想改写时却找不到感觉。只是又回到长安县后，那些农民的语言、感情及对农村生活的冲动，才一起被激活，产生了创作灵感。

2. 内部积淀意识引发

（1）无意遐想。这种遐想式的灵感在创造中是很常见的。

（2）潜意识。这种灵感的诱发，情况更为复杂，有的是潜知的闪现，有的是潜能的激发，有的是创造性梦境活动，有的是下意识的信息处理活动。

思维指南针

> 灵感是以人们对解决问题的强烈愿望和信心为前提，以积极的智力活动为基础，以注意的高度集中和情绪的高涨为条件，当对某个问题苦苦思索不得，苦苦寻觅不获时，多在良好的精神状态下产生。它从不敲响懒汉的大门，而总是偏爱那些时刻准备解决问题的人。

链接六

直觉思维能力测试

1. 你面前有一张天使的图片，假如天使手里拿着某样东西的话，你认为应该是以下哪一个呢？

a. 一个漂亮的烛台

b. 一根有魔力的仙女棒

c. 一只善良的小蜥蜴

d. 一朵紫色的玫瑰花

2. 你觉得天使的头发应该是什么颜色的呢？

a. 白色

b. 棕色

c. 黑色

d. 金色

3. 假如朋友邀请你到澳门赌场玩的话，你最感兴趣的是以下哪一个呢？

a. 不用太费脑子的比大小

b. 俄罗斯轮盘

c. 用纸牌玩十三点

d. 先看看哪样最新鲜最刺激

4. 报纸上刊登了一则酒吧悬案，据说有个人在某酒吧喝了红酒之后就死了，那么你认为这个受害人喝了多少红酒呢？

a. 满满一杯

b. 大半杯

c. 半杯

d. 只喝了一口

5. 圆形、正方形、三角形、菱形这四种图形你最喜欢哪一个呢？

a. 最喜欢圆形

b. 最喜欢正方形

c. 最喜欢三角形

d. 最喜欢菱形

6. 你面前有一张女巫的图片，假如女巫手里拿着某样东西的话，你认为应该是以下哪一个呢？

a. 一个神奇的药水瓶

b. 一根魔杖

c. 一个水晶球

d. 一只邪恶的蝙蝠

7. 女巫有一本魔法书，你认为书的纸张是下面哪一种呢？

a. 古老的羊皮纸

b. 传说中的隐形纸

c. 老树皮做成的纸

d. 亚麻布做成的纸

8. 当你一个人行走在路上的时候，突然背后听见有人在叫你"喂……"，凭直觉你认为叫你的人是谁呢？

a. 异性朋友

b. 亲戚之类的

c. 同性朋友

d. 可能是叫别人

9. 如果有一天，你去香火旺盛的寺庙玩耍，有个老和尚告诉你有好事情发生，回来之后你会？

a. 跑到正在举办抽奖活动的地方抽奖

b. 向喜欢的人告白

c. 跑到每天都经过的彩票销售点买彩票

d. 当作什么都没发生一样

10. 有时候遇到一件突发的事情，你是不是感觉曾经在梦中梦见过这个情形？

a. 经常有这种感觉

b. 这种感觉有过两次以上

c. 只有过一次这样的感觉

d. 从来都没有过

11. 你面前有一张魔术师的图片，假如魔术师手里拿着某样东西的话，你认为应该是以下哪一个呢？

a. 一副豹纹手铐

b. 一把金灿灿的匕首

c. 一只白色的鸽子

d. 一只神秘的银质酒杯

12. 如果你是魔术师的发型助理的话，你会为他设计怎样的发型呢？

a. 有魅力的短发

b. 及肩的长卷发

c. 光头

d. 平头

13. 如果你被放逐到荒无人烟的沙漠里，你最想看到的是什么呢？

a. 一处水草肥美的绿洲

b. 一眼清澈的泉

c. 一个人畜兴旺的西域小镇

d. 一支粮草充足的骆驼商队

14. 波浪线、锯齿线、虚线、实线这四种线条，你最喜欢哪一种呢？

a. 最喜欢波浪线

b. 最喜欢锯齿线

c. 最喜欢虚线

d. 最喜欢实线

15. 魔幻故事里的角色你最喜欢哪一个呢？

a. 神兽

b. 仙女

c. 魔法师

d. 精灵

评分标准：

请将各题得分相加，算出总分，对照测试结果即可。

题号

1	2	3	4	5	6	7	8	9	10	11	12	13	14	15

选项

a	6	2	6	0	6	7	7	7	5	0	5	5	3	7	5
b	4	0	0	2	0	5	0	3	3	3	7	7	7	5	0
c	2	4	2	4	2	3	3	5	7	5	0	0	0	3	7
d	0	6	4	6	4	0	5	0	0	7	3	3	5	0	3

测试结果：

●100～85分

你的第六感与生俱来就是那么强烈，算得上是第六感女神级的人！你想要的东西总是有机会得到，同时，你的预感十有八九会灵验。在现实生活中，你常常是凭直觉行事，好在你的各方面能力也不错，最后的结果往往相当圆满。

●84～70分

你的第六感虽然不如前者那么厉害，但也算得上强劲！你是属于隐性第六感体质，这种体质在生活中可能不大会显现出来，只有在紧要关头才会发挥功效！当你刻意去依赖它时，往往又失去了效力，所以别将直觉乱用一气！

●69～50分

你的感应力不错，但它常常会影响到你的情绪和人生态度，当你处于紧张的氛围中时，你的第六感一点作用都起不到，反而更加扰乱你的思绪，让你失去正确的辨别能力。目前的你要多训练稳定性和集中力，这样才有助于全面发展。

●48～30分

在你的内心深处有一种对第六感及直觉的抑制情绪，也许你根本就不相信自己有这种神奇的预感力，也许你对有关第六感的传说感到恐惧，所以才会刻意去抑制自己的直觉。生活中的你在行事方面总是优柔寡断的，还常常动摇不定呢！

●29分以下

你的个性及思维方式都比较理智，有时有些倔强，别人眼里的你属于不知变通的死脑筋类型，生活中的你特缺乏想象力和激情。你从不相信一个人凭直觉就能做出正确无误的判断，在你的内心深处对第六感、直觉这种说法蛮反感！

游戏乐园六：直觉思维训练

1. 巧取金币

有一次，国王把一块金币和一块比金币稍大的银币放入了葡萄酒杯中（如图所示），然后对囚犯们说："谁能不用手和其他工具就把金币从杯中取出来，我就给谁自由。"国王刚说完，一个囚犯就说出了正确答案。国王只好给他自由。

那个囚犯是怎样取出金币的呢？

2. 喝汽水

一瓶汽水 1 元钱，两个空汽水瓶子可以换一瓶汽水。
如果小洁现在有 20 元钱，她最多可以喝到几瓶汽水？

3. 难搭的桥

如何才能搭出如图所示的桥呢？

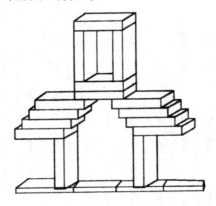

4. 麦秸提瓶

给你一根麦秸，你能用它将一个比它重几十倍的酒瓶提起来吗？

5. 巧组正方形

现有宽 3 厘米、长 4 厘米的扑克牌 12 张。要求用这些扑克牌同时组合出大小不同的多个正方形。但是不能把扑克弄折，也不能重叠扑克，更不能组合出两个以上同样大小的正方形。

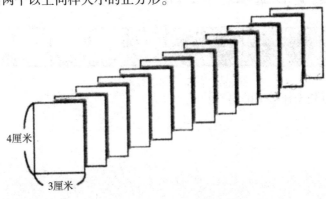

4厘米

3厘米

6. 数字魔方

如下 9×9 的大九宫格里，已经给出了若干个数字。你能根据已有数字所呈现出的规律，推断出剩下的空格中应填入什么数字吗？

要求每一行、每一列中都有数字 1~9，每个小九宫格中也要有数字 1~9，且每一行、每一列、每一小九宫格中的每个数字只能出现一次，不能重复或缺少。

4	2		7	5		6		
3	8	6				5		1
			3	1	4	8	2	
6	9	7	3	1	4			
2	5	4				3	1	7
			2	7	5	9	6	4
1	4	8	5	9				
5		9				8	4	6
		2		8	3		9	5

7. 黑白棋局

有排成一行的 10 粒棋子，5 粒是黑色的，5 粒是白色的。如果每次将相邻的两粒棋子连在一起移动，移动 4 次，棋子就会黑白交错开来。

你知道是怎样移动的吗？

8. 棋子迷局

6个硬币沿纵、横、斜向每次移动1格计为1步。

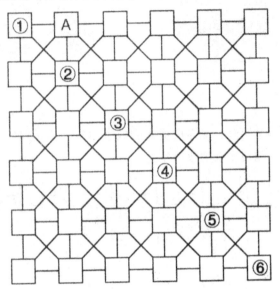

请巧妙地移动硬币，使纵、横、斜每条线上的硬币都不超过2枚，且A的位置上必须放一枚硬币。要求用最少的步数达到目的。

9. 方格求值

仔细观察如下方格，求A、B、C的值。

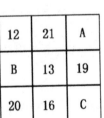

12	21	A
B	13	19
20	16	C

10. 剩余的页数

茜茜从图书馆借了一本100页厚的书。回到家后，她发现自己最想看的20～25页脱落了。

请问：茜茜借的书还剩下多少页？

11. 面积之比

如图所示，现有两块形状不规则、大小差不多的同质地、同厚度的铁皮。

请问：采用什么方法可以比较出它们面积的大小呢？

12. 成语算式

图中是两盏数字灯，请你用适当的数字填空，使竖列的四个字组成成语、横排的数字组成正确的数学等式。

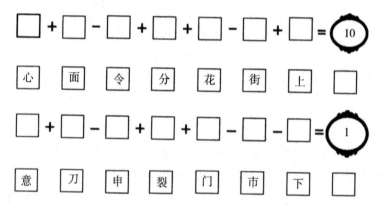

| □ | + | □ | - | □ | + | □ | + | □ | - | □ | + | □ | = | 10 |

| 心 | 面 | 令 | 分 | 花 | 街 | 上 | □ |

| □ | + | □ | - | □ | + | □ | + | □ | - | □ | - | □ | = | 1 |

| 意 | 刀 | 申 | 裂 | 门 | 市 | 下 | □ |

13. 名片规格

王先生拿着旧名片去名片印刷公司订制名片。他只知道名片的长度是9厘米，不知道名片的宽度。印刷公司里恰好又没有尺子。该怎么办呢？想来想去，王先生终于想出了一个好办法。在不使用任何工具的情况下，也不折或剪断名片，他成功算出了名片的宽度。

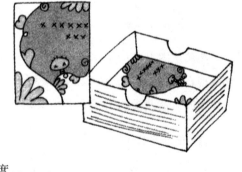

你知道王先生是如何算出名片的宽度的吗？

14. 卡片转换

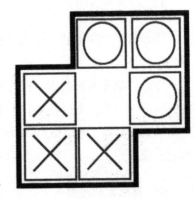

如图所示，在一个特别的板盒里放入印着"○"和"×"的卡片各3张。卡片的形状和大小完全一样。板盒当中空出一张卡片的位置，因此卡片可以通过此空位上下左右自由滑动。

你能否将6张卡片的位置完全对调一下呢？对调中不许把卡片从盒内取出，也不许把卡片拿起跳过中央的位置后放到对面的位置。

15. 火柴变形

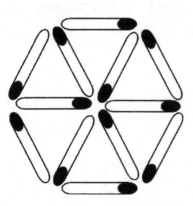

将12根火柴按图所示摆好。

在12根火柴一定要成为各三角形的一条边的条件下：

（1）移动3根火柴，使如图变成6个一样大小的平行四边形。

（2）先移动2根火柴，组成5个正三角形；再移动2根火柴，组成4个正三角形；再移动2根火柴，组成3个正三角形。

16. 分割铜钱

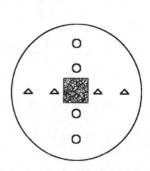

如图所示，一枚铜钱上有一些对称的符号。现在需要将铜钱切割成大小、形状相同的四部分，且每部分都恰好带有一个"○"和一个"△"。

请问：怎样切割才符合要求呢？

17. 巧截图形

图形 ABCDEF 是由 3 个大小相同的正方形构成的。

要求：把此图形截成 2 份，使截得的 2 份能拼成一个中心为正方形孔的正方形方框，且正方形孔的面积要与图形 ABCDEF 中的任何一块正方形的面积相等。

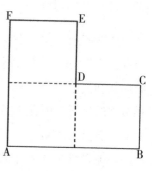

18. 维生素缺乏症

某贫困地区有 30% 的人患有维生素 A 缺乏症，30% 的人患有维生素 B 缺乏症，30% 的人患有维生素 C 缺乏症。有人断言，该地区只有 10% 的人没有患这三种维生素缺乏症。这种说法对吗？

19. 小洞换位

小明找来一块中央打了一个洞的木板（如图一所示），他想把木板上小洞的位置变换一下（如图二所示）。

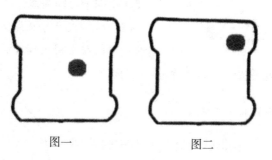

图一   图二

请问：小明应该怎样做？

20. 顺水追鞋

船在流速为 1000 米/时的河中逆流而上。中午 12 点时，有一名乘客的鞋子落入了河里。这名乘客立刻找到船长，请求返回追鞋子。这时，船已经开到离鞋子 100 米远的上游。

假设这只船调头不需要时间，马上开始回去追赶鞋子，那么，它追回鞋子又返回原地时该是几点几分？已知这只船在静水中的航速为20米/分。

21. 颠倒影像

为什么物体在镜子中的影像会左右颠倒，却不会上下颠倒呢？

22. 100个乒乓球

假设地上有100个乒乓球，由两个人轮流拿，能拿到最后一个乒乓球的人为胜利者。拿球的条件是：每次拿球的数量至少是1个，最多不能超过5个。

如果你先拿乒乓球，你第一次拿几个、以后怎么拿才能保证能拿到最后一个乒乓球？

23. 流畅的语言

如果外星人住在我家一个月，那么……
请续写一段话，要求语言流畅。

24. 诗中游

甲旅游回来后，乙问他都去了哪些地方。甲说："海上绿洲，风平浪静，银河渡口，巨轮启动，不冷不热的地方，四季花红。"一开始，乙有些摸不着头脑，不知道甲究竟到过哪里。经甲的启发，乙终于猜出了甲到过的6座城市。

猜猜看：甲去了哪6座城市呢？

散聚思维——桃花胜景何处寻

让思考像天女散花

本书中的散敛思维包含有发散和聚合（收敛）思维双重之义。

发散思维又称"辐射思维"、"放射思维"、"多向思维"、"扩散思维"或"求异思维"，意思是从一个目标出发，沿着各种不同的途径去思考，探求多种答案的思维，是一种开放型思维，是创新思维的核心，与聚合（收敛）思维相对。聚合思维，也称收敛思维或集束思维，是在已有的众多信息中寻找最佳的解决问题方法的思维过程。在收敛思维过程中，要想准确发现最佳的方法或方案，必须综合考察各种思维成果，进行综合的比较和分析。因此，综合性是收敛思维的重要特点。收敛式综合不是简单的排列组合，而是具有创新性的整合，即以目标为核心，对原有的知识从内容和结构上进行有目的的选择和重组。

大脑在发散思维时呈现出一种扩散状态，表现为思维视野广阔。可以通过从不同方面思考同一问题，如"一题多解"、"一事多写"、"一物多用"等方式，培养发散思维能力。

从问题的要求出发，沿不同的方向去探求多种答案的思维形式。当问题存在着多种答案时，才能发生发散思维。它不墨守成规，不拘泥于传统的做法，有更多的创造性。

相传，大英图书馆老馆年久失修，在新的地方建了一个新的图书馆，新馆建成后，要把老馆的书搬到新址去。这本来是一个搬家公司的活儿，没什么好策划的，把书装上车，拉走，摆放到新馆即可。问题是按预算需要350万英镑，图书馆里没有这么多钱。眼看着雨季就到了，不马上搬家，这损失就大了。怎么办？馆长想了很多方案，但一筹莫展。

正当馆长苦恼的时候，一个馆员问馆长苦恼什么？馆长把情况向这个馆员介绍了一下。几天之后，馆员找到馆长，告诉馆长他有一个解决方案，不过仍然需要 150 万英镑。馆长十分高兴，因为图书馆有这么多钱。

"快说出来！"馆长很着急。

馆员说："好主意也是商品，我有一个条件。"

"什么条件？"馆长更着急了。

"如果把 150 万全花净了，那权当我给图书馆做贡献了，如果有剩余，图书馆要把剩余的钱给我。"

"那有什么问题？350 万我都认可了，150 万以内剩余的钱给你，我马上就能做主！"馆长很坚定地说。

"那咱们签订个合同？"馆员意识到发财的机会来了。

合同签订了，不久实施了馆员的新搬家方案。150 万英镑连零头都没用完，就把图书馆给搬了。

原来，图书馆在报纸上刊登了一条惊人的消息："从即日起，大英图书馆免费、无限量向市民借阅图书，条件是从老馆借出，还到新馆去。"

发散思维在创造性活动中起了重要的、积极的能动作用，把创新思维推向一个更高的层次，获得解决问题的最佳途径。发散思维"思接千载，视通万里"，点燃创新的火花。

一出版商为售出滞销的书，想尽办法托人给总统看，但总统工作很忙，无暇顾及。再三请求提意见，总统随便说了句"此书甚好"。该出版商马上推出广告词："现有总统评价很高的书出售。"结果积压的书一售而空。另一出版商见状，也用此法，总统被利用了一回，这次说了句："此书很糟。"相应出台的广告词为："兹有总统批评甚烈的书出售。"结果书也很火爆。又一出版商马上也送了一套书给总统，总统这次决心不加理睬，于是，第三个广告词表述为："现有连总统也难以下结论的书出售。"他的书销路居然也很好。

发散思维同样有它自己独特的思维特征和方式。

1. 创新性

发散思维打破了固定的思维模式，有目的、有条理、有步骤、有秩序地扩大思路，不断突破，从多方面达到开拓创新的目的。

2. 变通性

指发散的灵活性——不拘一格，灵活多变。

3. 多向性

指发散的多维度多层次。思维在头脑里是可以发散的，它像一束光源向四面八方辐射，当思维纵横交错时，思路就纵横扩散。可以由下图表示：
点—线—面—体，时间—空间，空间—时间，前因—后果

 思维指南针

> 发散思维的奇思妙想不等于离奇古怪，奇思妙想的存在有其合理的地方，而离奇古怪是无科学依据的，是违背客观现实的，两者是水火不相容的。

识别目标，调整努力方向

有一个有趣的故事：1960 年英国某农场主为节约开支，购进一批发霉花生喂养农场的十万只火鸡和小鸭，结果这批火鸡和小鸭大都得癌症死了。不久，在我国某研究单位和一些农民用发霉花生长期喂养鸡和猪等家畜，也产生了上述结果。1963 年澳大利亚又有人用霉花生喂养大白鼠、鱼、雪貂等动物，结果被喂养的动物也大都患癌症死了。研究人员从收集到的这些资料中得出一个结论：在不同地区，对不同种类的动物喂养霉花生都患了癌症，因此霉花生是致癌物。后来又经过化验研究发现：霉花生内含有黄曲霉素，而黄曲霉素正是致癌物质，这就是聚合思维法的运用。

聚合思维在筛选新方法，寻找新答案，得出新结论时需有思维的广阔性、深刻性、独立性和批判性等思维品质。思路广泛，善于把握事物各方面的联系和关系，善于全面地思考和分析问题才能选择具有新意的

结果。善于深入地钻研和思考问题，善于区分本质与非本质特征，善于抓住事物的主要矛盾，正确认识与揭示事物的运动规律，预测事物的发展趋势，才能寻找出立意深刻的新结论。在众多的范围和可能的设想、方案、方法中筛选出最正确的答案、最佳的解决办法等更需要思维的独立性和批判性。能独立思考问题，探讨事物的本质及其发生发展的规律，在解决问题中不拘于现在的方法，有自己独特见解和方法的人才能做出新的答案。同时，对众多的答案必须作有批判的取舍。没有思维的批判性，就无法对答案进行评价，区分哪些是合理部分，哪些是不合理部分，以求得唯一正确答案。

聚合思维法是使多种已知信息，集中指出某个中心思维目标。它是通过分析、综合、比较、抽象、概括、判断、推理的思考过程，探求出一个正确的答案或一种有效的方法。聚合思维发生于当问题只有一个正确答案或一个最好的解决方案时，一般智力测验中所衡量的主要是聚合思维的发展水平。

聚合思维确定了发散思维的方向。漫无边际地发散后，总是要辐射的，集中有价值的东西，才是真正的创造。从创造性目的上看，是为了寻找客观规律，找到解决问题的最好办法，聚合思维集中了大量事实，提出了一个可能正确的答案（或假设），经过检验、修改、再检验，甚至被推翻，再在此基础上集中，提出一个新假设。聚合思维比起发散思维来，发展要早些，对年龄小的儿童更重要些，但这丝毫不影响对低年级学生进行发散思维的培养，也不影响对高年级学生提出进行聚合思维的要求。

聚合思维法是人们在解决问题过程中经常用的思维方法。例如科学家在科学试验中，要从已知的各种资料、数据和信息中归纳出科学的结论；企事业的合理化改革，要从许许多多方案中选取出最佳方案；公安人员破案时，要从各种迹象、各类被怀疑人员中发现作案人和作案事实等都是靠运用聚合思维方法。由此可知，聚合思维法是教师学生应该掌握的有效方法。

聚合思维有同一性、程序性和比较性三个特点。所谓同一性是指它是一种求同性，即找到解决问题的办法或答案。所谓程序性是指在解决问题的过程中，操作的程序，先做什么，后做什么，按照严格的程序，使问题的解决有章可循。比较性是指对寻求到的几种解题途径、方案、措施或答案，通过比较，找出较佳的途径、方案、措施或答案。

聚合思维包括一些具体思维技巧，它有求同法、求异法、共变法、剩余法等。对这些具体方法的运用与训练能够有助于聚合思维的掌握和运用。现将聚合思维的一些具体方法介绍如下。

1. 求同法

求同法也叫求同除异法，它是从多种不同的情况中，排除不相干的因素，找出共同的因素。寻找这个共同条件的方法就叫求同法。

例如，以前许多地方甲状腺肿大盛行，人们不知道是何原因，卫生保健人员进行了多方面调查比较发现，这些地区的人口、气候、风俗民情等各有特点，但是有一个共同的情况，那就是土壤和水流中缺碘，居民的饮食和饮水也缺碘。经过各种分析比较和验证发现，缺碘是引起甲状腺肿大的原因。

求同法是形式逻辑思维中寻求因果关系的一种方法。它有一定的局限性，不适用多种因果联系的分析。如果与寻求原因的其他方法结合作用，就能提高可靠性。

2. 求异法

求异法是从两个或多个场合的差异中来寻找原因的方法，如果某种现象在第一种场合出现，在另一种场合不出现，而这两个场合只有一个条件不同，那么这个条件就是这一现象的原因，寻求这一条件的方法就叫求异法，也叫差异法。

差异法也是一种很有用的思维方法，不少科研人员运用差异法获得了新的研究成果。如某山区，有人发现了一个"怪洞"，狗、猫、老鼠等动物走进去，很快就会倒地而死，而人与马牛在洞内却不受影响，用求同法分析，得出共同条件，凡头部靠近地面的动物就会死亡。科研人员将狗、猫、老鼠抱进洞内，这些动物也不受影响。由狗、猫自己进洞会死亡，由人抱进去不会死，用求异法分析，这两种场合的差异也是头部离地面近会造成死亡。进一步考察岩洞内的地下冒出许多二氧化碳气体，而二氧化碳比空气的比重大，洞内又不通风，所以靠近地面之处没有氧气，动物头部靠近地面，因缺氧而死亡。怪洞之谜就这样解决了。

求异法也有局限性。通常若能求同法与求异法结合使用，得出的结论就可靠得多。这两种方法联合起来也可以称为同异并用法。

大家在学习过程中也可以使用求同法，求异法和同异并用法，它们将有助于提高你的聚合思维能力。

3. 共变法

所谓共变法就是当某一因素发生变化时，另一因素也随之发生变化。由此可推知，这两个因素之间可能存在着因果关系，前一因素是后一因素变化的原因。这种分析两类现象共同发生变化的思维方法就称为共变法。

例如，在其他条件不变的情况下，气温变化能引起水银体积的变化，气温升高，水银体积增大，温度降低，水银体积则缩小，温度变化与水银体积变化之间存在着共变关系，而温度变化是引起水银体积变化的原因。这就是制造温度计的根据。

4. 剩余法

剩余法也是聚合思维的一种方法，其思考过程是这样的：先考察某个复合现象，找出引起这个复合现象的复合原因，而其中有些具体现象的具体原因确定了，而另一些现象的原因不能确定，然后把已经确定了原因的现象一一排除，那么剩余的部分就可能有因果关系。在诊断疾病时常用剩余法，也叫排除法。对病人进行诊断时，病人的某些症状可能标志着某些疾病，当"被标志"的几种病一一排除，最后剩下不能排除的疾病就是这个病人患的病症。

以上几种聚合思维方法各有其优点和不足，要依据具体情况，采用相应的方法。一般来说，综合运用多种方法效果较佳。经过训练并经常自觉运用思维方法将会大大提高思维能力。

请记住法国生理学家贝尔纳的话："科学中难能可贵的创造性才华，由于方法拙劣可能被削弱，甚至被扼杀；而良好的方法则会增长、促进这种才华。"

聚合思维也是从不同来源、不同材料、不同层次探求出一个正确答案的思维方法。因此，聚合思维对于从众多可能性的结果中迅速做出判断，得出结论是最重要的。例如，在考试中常用的，从多种答案中选择出一个正确答案；从多种方案中选取一种最佳方案；依靠许多资料归纳出一个正确结论等都是运用聚合思维法。学生在学校里的学习、考试，大都是靠聚合思维进行的，因而也可以说，学生学习成绩的优劣，与他们的聚合思维水平关系密切。

思维指南针

> 寻求实现目标的正确途径、最佳行动方案是非常重要的，否则就难以达到目标，甚至人生的任何理想抱负都会落空。
>
> 因此要采取各种方法和途径，收集和掌握与思维目标有关的信息，而资料信息愈多愈好，有了这个前提，才有可能得出正确结论。

举一反三的理解力

有一天，孔子对他的学生说："举一隅，不以三隅反，则不复也。"意思是说，我举出一个墙角，你们应该要能灵活的推想到另外三个墙角，如果不能的话，我也不会再教你们了。后来，孔子说的这段话就成了"举一反三"这句成语，意思是说，学一件东西，可以灵活的思考，运用到其他相类似的东西上。

人类在认识过程中，把所感觉到的事物的共同的本质的特征抽出来，加以概括，就成为概念。比如从白雪、白马、白云等事物里抽出他们的共同特征，就可得"白"的概念。

有一个名叫吐的人，经营宰牛卖肉的生意，由于他聪明机灵，经营有方，因此生意做得还算红火。

一天，齐王派人找到吐，那人对吐说："齐王准备了丰厚的嫁妆，打算把女儿嫁给你做妻子，这可是大好事呀！"

吐听了，并没有受宠若惊，而是连连摆手说："哎呀，不行啊。我身体有病，不能娶妻。"

那人很不理解地走了。

后来，吐的朋友知道了这件事，觉得奇怪，吐怎么这么傻呢？于是跑去劝吐说："你这个人真傻，你一个卖肉的，整天在腥臭的宰牛铺里生活，为什么要拒绝齐王拿厚礼把女儿嫁给你呢？真不知你是怎么想的。"

吐笑着对朋友说："齐王的女儿实在太丑了。"

吐的朋友摸头不知脑，问："你见过齐王的女儿？你何以知道她丑呢？"

吐回答说："我虽没见过齐王的女儿，可是我卖肉的经验告诉我，齐王的女儿是个丑女。"

朋友不服气地问："何以见得？"

吐胸有成竹地回答说："就说我卖牛肉吧，我的牛肉质量好的时候，只要给足数量，顾客拿着就走，我用不着加一点、找一点的，顾客感到满意，我呢，唯恐肉少了不够卖。我的牛肉质量不好的时候，我虽然给顾客再加一点这、找一点那，他们依然不要，牛肉怎么也卖不出去。现在齐王把女儿嫁给我一个宰牛卖肉的，还加上丰厚礼品财物，我想，他的女儿一定是很丑的了。"

吐的朋友觉得吐说得十分在理，便不再劝他了。

过了些时候，吐的朋友见到了齐王的女儿，齐王的女儿果然长得很难看。这位朋友不由得暗暗佩服吐的先见之明。

有些事情虽没什么直接的联系，但道理是相通的，如果吐不是以自己亲身的感受去举一反三地思考生活中的现象。这位吐先生能够先知己后知彼，用自己的买卖专业知识来透射事情的真伪，值得我们借鉴学习。

青少年在学习中，每学一知识，就将某知识点的本质特征概括出来，并以此为依据去阐明别的相类似的事例，便能使学生的知识得到扩充，能力得到发展，收到"举一反三"的效果。

如在做习题时以此作为思考回答的依据，起到复习巩固的作用，以后碰到同类问题时，让他们回忆那些本质特征，与眼前的问题联系起来回答。经过几次强化反馈，学生基本能把新的知识与原有知识的本质特征对照联系，从而较快速地掌握。

美国心理学家布鲁纳说过："掌握事物的结构就是以允许许多别的东西与它有意义地联系起来的方式去理解它。简单地说，学习结构就是学习事物是怎样相互关联的。所以，学习知识必须要求他们掌握完整的知识结构体系，而不是七零八碎的片断。"

迂回也不失为良策

有一种前进叫转弯。不是天下所有路都是笔直的，特别是成功之路，更是充满了曲折、坎坷。如果不知道转弯，就会碰得头破血流，更不用说前进了。

一个建筑公司经理忽然收到一份购买两只小白鼠的账单，不由好生奇怪。原来这两只老鼠是他的一个部下买的。他把那部下叫来，问他为什么要买两只白鼠？

部下答道："上星期我们公司去修的那所房子，要求安装新电线。我们要把电线穿过一个长 10 米、但直径只有 2.5 厘米的管道，而且管道是砌在转石里，并且弯了 4 个弯。我们当中谁也想不出怎样让电线穿过去，最后我想到了一个好主意。

"我到一个商店买来两只小老鼠，一公一母。然后我把一根线绑在公鼠身上并把它放到管子的一端。另一名工作人员则把那只母鼠放到管子的另一端，逗得它吱吱叫。公鼠听到母鼠的叫声，便沿着管子跑去救它。公鼠沿着管子跑，身后的那根线也被拖着跑。我把电线拴在线上，小公鼠就拉着线和电线跑过整个管道。"

山不转，路转；路不转，人转。只要心念一转，逆境也能成为机遇。

曾有一个销售员，工作非常努力，却因公司倒闭而失业了。无情的现实摆在面前，一时间找不到合适的工作，他觉得好气馁，觉得上天真是太不公平了！后来，妻子安慰他说天无绝人之路，并鼓励他往自己的兴趣文学上发展。他冷静考虑后决定试一试，渐渐地，他开始在文坛上崭露头角，后来，他写出了一部震撼文坛的巨作《红字》。这个人就是美国的知名作家霍桑。

如果不懂得"转弯"，不懂得另寻出路，而是一味地沉沦或者逃逸，那么画坛就会少了一个杰出的漫画家，文坛就会少了一个文学巨子。只有学会转弯，学会调整自己，改变自己，生命才会雄浑有力，事业才会奏出新的篇章。

"车到山前必有路。"只有寻找新的出路。寻找新的出路就是创新。生活中我们遇到这样的问题容易解决，路走不通了，再换一条路走不就得了。然而在事业上转弯就是不那么简单了。有的人准备多年，耗费了许多心血，真要让他把这些抛弃了，他还真有点舍不得。

当前进路上的障碍无法搬除的时候，懂得及时调整自己的目标航向的人，才能达到成功的彼岸。

张文举是个农民，从小便树立了当作家的理想。他辛辛苦苦地笔耕不辍，一篇文章完成后，改了又改，然后端端正正誊写好，满怀希望地寄往报纸杂志。可是，很多年过去了，他没有只言片语变成铅字，甚至连一封退稿信也没有。

当别人都离开乡村去城镇打工时，他留在乡下坚持写作，当同龄人开始恋爱结婚生儿育女时，他却在陋室继续编织自己的作家梦想。很多人对他不理解，甚至有人说他神经出了问题。他置之不理，坚信自己总有一天会成功。但成功的一天到底是哪一天呢？他心中一点儿底也没有。

直到 29 岁那年，他总算收到了第一封退稿信。那是一位总编寄来的，有感于他多年来一直坚持向刊物投稿，总编写道："看得出，你是一个很努

散聚思维——桃花胜景何处寻

力的青年。但我不得不遗憾地告诉你，你的知识面比较窄，生活体验也显得苍白，但我从你多年的来稿中发现，你的钢笔字越来越出色，已经形成了风格，你可以往硬笔书法上发展。"

编辑的话点燃了他心中的一盏灯，他立即转弯练起了硬笔书法，时间不长就有了很大的进步，参赛作品多次获奖。不久他办起了硬笔书法班，成了有名的硬笔书法家，收入当然也很可观了。记者前去采访他，提得最多的问题是："您认为一个人走向成功，最重要的条件是什么？"张文举回答："一个人能否成功，理想很重要，勇气很重要，毅力很重要，但更重要的是，你在人生之路上遇到坎坷时，要处变不惊，要学会取舍，学会转弯，学会改弦更张，从头再来。"

 思维指南针

> 我们每天都面临新的考验，都会遇到困难与挫折，但那绝不是路的尽头，只是在提醒你应该转弯了！转弯并不意味着失败，转弯只是为自己寻找另一条出路，迂回前进也是一种创新。只有这样，我们才能走得更好，活得更好，才能在"山重水复疑无路"的时候，迎来"柳暗花明又一村"。

链接七

发散思维能力测试

本测验测试发散思维能力，共有 8 题，每道题都有一定的时间限制，请在规定时间内尽快地完成每道题。

1. 请你写出所能想到的带有"土"结构的字，写得越多越好。（时间：5 分钟）

2. 请列举砖头的各种可能用途。（时间：5 分钟）

3. 请举出包含"三角形"的各种物品，写得越多越好。（时间：10 分钟）

4. 尽可能想象"△"和什么东西相似或相近？（时间：10 分钟）

5. 把下列物件按照性质尽可能分类：鸭、菠菜、石、人、木、菜油、铁。（时间：5 分钟）

6. 请说出一只猫与一只冰箱相似的地方，说得越多越好。（时间：5 分钟）

7. 给你两个圆（OO）、两条直线（ǀ ǀ）和两个三角形（△△）请组成各种有意义的图案。（时间：15 分钟）

8. 请你根据以下故事情节，用简洁的语言（不超过 100 字）写出故事的各种可能的结尾，写得越多越好。（时间：40 分钟）

古时候，有兄弟三人。大哥、二哥好吃懒做，三弟勤劳聪明。三人长大后都成了家。有一天，三兄弟在一起喝酒，大哥、二哥提议："从现在起，我们三人说话，互相不准怀疑，否则罚米一斗。"酒后，大哥说："你们总说我好吃懒做，现在家里那只母鸡一报晓，我就起床了……"三弟直摇头说："哪有母鸡报晓之理？"大哥嘿嘿一笑说："好！你不信我的话，罚米一斗。"二哥接下去说："我没有大哥这么勤快，因此家里穷得老鼠撵得猫吱吱叫。"三弟又连连摇头，二哥得意地说："你不信，也罚米一斗。"后来……

评分标准：

第 1～4 题，每一个答案为 1 分；第 5 题，每一个答案为 2 分；第 6～7 题，每一个答案为 3 分；第 8 题，每一个答案为 5 分；然后统计总分。

测试结果：

100 分以上，发散思维的流畅性很好；

81～100 分，发散思维的流畅性较好；

61～80 分，发散思维的流畅性中等；

41～60 分，发散思维的流畅性较差；

40 分以下，发散思维的流畅性很差。

流畅性是发散思维的较低层次，比如在列举砖头的用途时，如果能列举出造工房、造烟囱、造仓库、造鸡舍、造礼堂，说明流畅性很好。发散思维的变通性和独特性则分别代表了发散思维的中等层次和高等层次。下面结合每道题的答案进行分析。

1. "土"在右方，如灶、肚、杜等；"土"在左方，如址、墟、增等；"土"在下方，如尘、塑、堂等；"土"在上方，如去、寺、幸等；"土"在中间，如庄、崖、匡等；全部由"土"构成的字，如土、圭等；或"土"蕴涵在字中，如来、奔、戴等；以及其他，如盐、硅等。在上述"发散"中，能写出中两类含"土"的字，则说明思维已具有一定的变通性，因此此时的"土"已不像前面几种"土"那么显而易见了。

2. 列举砖头的用途，如果说出了造工房、造烟囱、造仓库、造鸡舍、造礼堂……只能说明你的发散思维处于较低级的阶段，因为你所列举的各种用途，其实都属于同一类型：用于建筑材料。如果你还回答出打狗、赶猫、敲钉子、做家具垫脚、铺路、压东西、自卫武器等等，你的思维就具有一定的变通性，因为上述用途已涉及到几种不同的类别。如果你的答案是一般人所难想到的，你的发散思维就具有一定独特性。

3. 包含"三角形"的物品大致有以下几类：

（1）物品中所包含的正规三角形，如红领巾、三角旗、三角形铅笔等；

（2）物品含近似三角形，如金字塔、衣钩、山岳形积木等；

（3）物品中含有三角形的三个角的特点，构成主观三角形，如三脚插座、三极管、斜面等。

（4）立体三角形，如锥体、漏斗、衣帽架、舞蹈造型等。说出的种类越多，说明发散思维的变通性越好；每一种类中说出的物品越多，说明发散思维的流畅性越好。

4. 和"△"相似或相近的东西有：馒头、涵洞、峭石、山峰、堡垒、城门、隧道口、喷水池、橱窗、问讯窗口、尼龙秧棚、坟墓、萌芽、彩虹、乌篷船、仙鹤戏水、镜片、电视机屏幕、枪洞、子弹头、树荫、海上日出、跳水、弯腰、插秧、拱桥、盾牌、活页木铁夹、天边浮云、英文字母"D"，等等。回答得越多，发散思维的流畅程度越高。

5. 这些物体可分为以下类型：

植物：菠菜、木

动物：鸭、人

生物：菠菜、木、鸭、人

食物：菠菜、菜油、鸭

矿物：石、铁

含铁物体：铁、菠菜

浮水性强的物体：木、菜油、鸭

常用泥性种植的产品：菠菜、木、菜油

燃料：木、菜油

建筑材料：木、石、铁

以上的分类肯定没有把全部可能的分类都包括在内，你可以运用自己的思维发散能力创造新的分类，创造的类别越多，你的发散思维能力越强。

6. 猫和冰箱的相似之处相当之多：两者都有放"鱼"的地方；都有"尾巴"（冰箱后部的电线犹如"尾巴"）；都有颜色，等等。

7. 两个圆、两条直线和两个三角形，可以组成各种有意义的图案。比如：从具体形象出发，可组成"人脸"或组成"落日与山的倒影"；也可从抽象角度考虑，组成等式：$\triangle \bigcirc = \bigcirc \triangle$；还可以把抽象与具体结合起来，组成"$\triangle \mid \bigcirc \bigcirc \triangle$"，表示两山（具体）相距 100 米（抽象）等。上述图案组成得越多，表示你的发散思维的流畅性和变通程度越高。

8. 此题没有固定的答案，你可借题发挥，所写的故事结尾越多、越离奇，说明你的总体发散思维能力越高。

游戏乐园七：散聚思维训练

1. 读书计划

一个中学生制定了一个读书计划：一天读 20 页书。但第三天因病没读，其他日子都按按计划完成了，问第六大他读了多少页？

2. 互看脸部

两个人一个面向南一个面向北站立着，不允许回头，不允许走动，也不允许照镜子，她们怎样才能看到对方的脸？

3. 近视眼购物

李明因为长期躺在床上看书，日子一久就变成一拿掉眼镜，几乎看不见外在物体的深度近视眼。虽然平时他戴有框眼镜的次数多于戴隐形眼镜，但只有购买某件物品的时候，他觉得还是戴隐形眼镜比较适合。

请问：李明购买的是什么物品呢？

4. 一道既简单又复杂的趣题

游戏开始了，请你快速计算：

一辆载着 16 名乘客的公共汽车驶进车站，这时有 4 人下车，又上来 4 人；在下一站上来 10 人，下去 4 人；在下一站下去 11 人，上来 6 人；在下一站，下去 4 人，只上来 4 人；在下一站又下去 8 人，上来 15 人。

还有，请你接着计算：公共汽车继续往前开，到了下一站下去 6 人，上来 7 人；在下一站下去 5 人，没有人上来；在下一站只下去 1 人，又上来 8 人。

请问这辆公共汽车究竟停了多少站？

5. 糊涂岛上的孩子

糊涂岛上有两个糊涂的孩子，因为没有日历，日子总是过得糊里糊涂的，常常弄不清楚今天是星期几。于是在上学的路上，他们想把这个问题弄清楚。

其中一个孩子说："当后天变成昨天的时候，那么'今天'距离星期天的日子，将和当前变成明天时的那个'今天'距离星期天的日子相同。"

根据这个糊涂孩子说的糊涂话，你能猜出今天是星期几吗？

6. 智者的趣题

听说智者要招收最后一个学生，很多聪明的人都想成为智者的学生，以便学到更多的知识。他们来到智者的门前，看到了智者画在墙上的 6 个小圆。旁边写着：现在要把 3 个小圆连成一条直线，只能连出两条，如果擦掉一个小圆，把它画在别的地方，就能连出 4 条直线，且每条直线上也都有 3 个小圆。谁能第一个画出，我就收谁做我的学生。

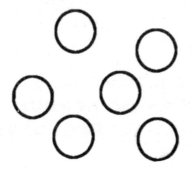

7. 月亮游戏

让你的朋友把"亮月"这个词迅速说 15 遍，然后再让他把"月亮"迅速说 15 遍。等他说完后，你马上问他后羿射的是什么，让他快速回答。

8. 永远坐不到的地方

儿子和爸爸坐在屋中聊天。儿子突然对爸爸说："我可以坐到一个你永远坐不到的地方！"爸爸觉得这不可能，你认为可能吗？

9. 火车在什么地方

一列火车由北开到济南需要四个半小时，行驶两个小时后，这列火车应该在什么地方？

10. 机器猫的问题

机器猫说："在一个星球上，当你扔出一块石头后，它只在空中飞了一小段距离后会停顿在半空中，再向你的方向飞回来，当然它绝不是碰到了什么东西被弹回来。"

你知道机器猫说的是哪个星球吗？

11. 语文老师的难题

语文老师在黑板上写了一首诗：

火烧山倒，树倒多少；大人不在，云力自烧。

每句诗打一个字，这四个字合起来就是一个四字成语。请你开动脑筋想想这个四字成语是什么？

12. 斯芬克斯谜题

古希腊有一个神奇的怪物叫斯芬克斯，它上身是一个女人的头像，后面却是狮子的身体。斯芬克斯来到底比斯城后，蹲在一个小山头上，注视着过路的人。每一个进入底比斯城的人都会被它拦住，然后被问一个问题：

世界上有一种动物，这种动物早晨四条腿，中午两条腿，晚上三条腿，腿越多，力最越弱。这是什么动物？

如果行人答不上来，立刻会被它吃掉；如果行人答对了，斯芬克斯就会跳悬崖而死。后来俄狄浦斯回答了出来，为底比斯城除去了一大祸害。你知道应该怎么回答吗？

13. 让人高兴的死法

从前有一个人触犯了法律，被国王判处死刑。这个人请求国王宽恕，国王说："你犯了死罪，罪不能赦。但我还是允许你选择一种死法。"这个人一听，非常高兴地选择了一种死法，而国王一言既出，驷马难追，看到这样的结果只好无奈地摇了摇头。

请问：这个人到底选择了一种什么死法那么高兴呢？

14. 自动飞回的皮球

皮皮用力将一只皮球扔了出去，球没有碰到任何障碍物，可奇怪的是，皮球在空中飞了一会儿后，又回到了皮皮手中。你知道皮皮有什么本事能让皮球自动返回吗？

15. 机械表的动力

电子表的动力是电池中的电能，可是你知道机械表的动力是什么吗？

16. 不落地的苹果

把一个苹果系在一根 3 米左右长的线的一端，另一端系在高处，把苹果悬挂起来，你能够从中间剪断这根线，并保证苹果不会落地吗？

17. 快速抢答

一辆小汽车有 4 个车胎，每个车胎由 4 个大螺丝固定在轴上。一天早上，皮特发现他的小汽车的一只车胎被小偷偷走了，当然连 4 个螺丝也拿走了。还好，车内还有一只备用车胎。皮特想了一个办法，将车安全地开到了附近的汽修厂。你知道他用的是什么办法吗？

18. 谁在挨饿

动物园里有两只熊，雄熊每顿要吃 30 斤肉，雌熊每顿要吃 20 斤肉，幼熊每顿吃 10 斤肉。但饲养员每天只买 20 斤肉，那就意味着会有熊挨饿，对吗？

19. 过独木桥

妞妞跟着挑着箩筐的爸爸过独木桥，走到桥中间的时候，迎面走来一个小男孩牛牛。妞妞和牛牛谁也不肯让谁，妞妞的爸爸怎么劝说也不行，于是他急中生智，想出了一个办法，使他们各自过去了。你知道应该怎么做吗？

20. 巧进城堡

有一座城堡，堡主下了一道命令，不许外面的人进来，也不许里面的人出去。看守城门的人非常负责，每隔十分钟就走出城门巡视一番，看看是否有人想偷着出去或进来。詹姆斯有急事要进城去找他的朋友商量，可是看守城堡的人又那样认真，怎样才能趁守门人不注意时，偷偷进入城堡呢？詹姆斯想到一条妙计，顺利地进入城堡。

你知道詹姆斯是怎样做的吗？

21. 翻穿毛衣

小强有一件漂亮的套头式毛衣，但是他发现毛衣穿反了，印有刺绣的那一面被穿在了后背，而他的两个手腕被一根绳子系住了。在不剪断绳子的情况下他该怎么把套头式毛衣的正面穿在前面（毛衣没有扣子）？

22. 反插裤兜

发挥一下想象，怎么才能把你的左手全部放入右边的裤兜里，而同时又将右手整个伸入到左边的裤兜里？

23. 汤姆的体重

"我最重的时候是 85 千克，可是我最轻的时候却只有 3 千克。"当汤姆向别人说这件事情的时候，别人都不相信。

你想一想。这可能吗？

24. 大力士的困惑

力量村里生出来的孩子都力大无比。其中有一个大力士可以轻易地举起 200 千克的东西，但有一天，他竟然连一件 100 千克重的东西都举不起来，请问这是为什么？当然，他没有生病也没有受伤。

记忆思维——博闻强记纳学识

神秘的大脑

大脑是中枢神经系统的最高级部分，分为左右两个大脑半球，两者由神经纤维构成的胼胝体相连。被覆在大脑半球表面的灰质叫大脑皮层。其中含有许多锥体形神经细胞和其它各型的神经细胞及神经纤维。皮质的深面是髓质，髓质内含有神经纤维束与核团。在髓质中，大脑内的室腔是侧脑室，内含透明的脑脊液。埋在髓质中的灰质核团是基底神经节。大脑半球的表面有许多深浅不同的沟裂（凸处为回）。其中主要的有中央沟、大脑外侧裂、顶枕裂。人的大脑半球高度发展。成人的大脑皮质表面积约为1/4平方米，约含有140亿个神经元胞体，它们之间有广泛复杂的联系，是高级神经活动的中枢。大脑皮层通过髓质的内囊与下级中枢相联系。脑的外部包有结缔组织的被膜、脑脊液充满于脑的腔、室、管内，有保护和营养作用。脑的血液供应从椎动脉和颈内动脉获得。

人的大脑有100多亿个神经细胞，每天能记录生活中大约8600万条信息。据估计，人的一生能凭记忆储存100万亿条信息。

如能把大脑的活动转换成电能，相当于一只20瓦灯泡的功率。根据神经学家的部分测量，人脑的神经细胞回路比今天全世界的电话网络还要复杂1400多倍。

每一秒钟，人的大脑中进行着10万种不同的化学反应。人体5种感觉器官不断接受的信息中，仅有1%的信息经过大脑处理，其余99%均被筛去。大脑神经细胞间最快的神经冲动传导速度为400多千米/时

人脑细胞有140亿~160亿条，被开发利用的仅占1/10。人脑子里储存的各种信息，可相当于美国国会图书馆的50倍，即5亿本书的知识。

大脑的四周包着一层含有静脉和动脉的薄膜，这层薄膜里充满了感觉

神经。但是大脑本身却没有感觉，即使将脑子一切为二，人也不会感到疼痛。

人的大脑平均为人体总体重的 2%，但它需要使用全身所用氧气的 25%，相比之下肾脏只需 12%，心脏只需 7%。神经信号在神经或肌肉纤维中的传递速度可以高达 200 英里/时。人体内有 45 英里（1 英里 ≈ 1.61 千米）的神经。

人们通常将电子计算机称作"电脑"。的确，电子计算机在许许多多方面与人脑很相似。它会进行很复杂的数学运算；它会为你安排一天的工作日程；它会和你下棋，除非你是一名高明的职业棋手，不然你一定会输给它；甚至它还是个"医生"，只要你告诉它你的病情，它便会对你进行自动扫描、"侦察"，然后再经过分析综合，告诉你它的诊断结果，最后它还会给出医嘱，递出药方，甚至告诉你药价。人们对电脑有如此神奇的本领无不赞叹与惊讶。

其实，电脑所有这一切本领只不过是科学家们利用机器来模拟人脑的一部分功能罢了。电脑再复杂，它也只不过是人脑的产物，没有人脑何来电脑？可见，人脑才是世界上最复杂的系统。可惜至今人类对自己的脑子了解还相当不够。为此，科学家们曾将 20 世纪最后 10 年称为"电脑的 10 年"。虽然经过科学家们的不断努力，已澄清了我们人脑是一种"多层次的复杂网络系统"，或更正确地应称为"泛（全）脑层次网络系统"，意思就是我们人类对脑的认识不仅要看到神经元（神经细胞）的作用，还要密切注意非神经元的功能，尤其是某些信号分子物质、如一氧化氮（NO）的作用。然而，总的来说，人类对自身脑的研究还是很不够的。为此，对人脑的研究与开发是未来医学最艰巨的任务之一。

人的大脑细胞数超过全世界人口总数 2 倍多，每天可处理 8600 万条信息，其记忆贮存的信息超过任何一台电子计算机。

一个 40 岁的美国妇女，由于童年的一次车祸，导致她尤为珍惜过去的时光，努力回想以前的每一件事，开始记每一天的日期和星期，值得庆幸的是这次车祸并没有带来任何伤害，但她仍然把这个行为延续下去，并养成了每天写日记的习惯。1978 年，只有 12 岁的她第一次发现自己拥有不同寻常的记性。当时，正是 7 年级的期末，她坐在家里听妈妈不停地说话。这时候，她开始回想一年前，自己在上 6 年级时的情景。那一天是 1978 年 5 月，因此她开始想在 1977 年的 5 月自己都在做什么。她开始在脑海里回忆起从那时起的每一天，令她感到不可思议的是，她竟然能把每一天的事情都回想得那么清楚。她说："说真的，当时我自己都吓了一大跳，我不明白我怎么可以记得这么清楚。"

只要是曾经发生在她身边的事情，她都能记得非常清楚。比如，某一天是星期几，当时世界上发生了什么新闻，在她的生活中当时都有些什么人，而且她也能把那天的天气记得非常清楚。她说："我对天气特别敏感，所以我总能记得当时的天气。如果你告诉我你结婚的日子，或是你孩子的出生日期，只要是在过去 30 年里的，我都能告诉你当时的情况。"

当被问道是否觉得记日期和事情是强迫性的，她回答说："我不知道是不是强迫性的。我只知道自己没办法控制。我曾经试图停止写日记，但是根本没用。虽然中断了几年，但我后来还是不得不重新回顾过去，把 2000～2004 年这 5 年的日记都补写了出来。这是因为如果我不写的话，我就会觉得有东西在咬我一样，于是我不得不重新回忆过去，把它们都写下来。"

没有人教过我们如何使用大脑的方法。我们往往总是羡慕那些头脑灵活的人，但却从来没有意识到，其实我们自己的大脑经过开发也可以达到那个程度。即使是平凡普通的人，只要正确开发使用，他们的也会发挥出无穷无尽的能力。所有的人都是带着天才的潜质而降生的，只不过由于在成长的过程中发现和培养这种能力的不同而产生截然不同的结果而已。

揭开学习和记忆的奥秘

学习和记忆是人脑的最重要的功能之一。简单地说，学习就是指人们获得某一经验或知识的过程，而记忆就是人脑将这种已获得的经验或知识贮存一定时期的能力。由于学习和记忆伴随人们的终身，人们并不以此为奇。其实，这是一个相当复杂的大脑活动过程，对此我们人类对它远未透彻了解。

现代心理学与生理学家都倾向于学习是刺激与反应之间建立联系的过程，但由于经受反复的刺激与不同的刺激，因此学习也可以泛化为掌握事物之间关系的过程。学习是否成功要依据记忆验证，因此学习与记忆是一个密切相关而不可分割的统一过程。

目前，科学家们将人类的记忆分为四个连续的阶段。处于前两个阶段的记忆信息容易被遗忘，但通过反复地学习过程，可将这种短时性记忆转化为长时性记忆，使信息能够在大脑中贮存一段较长的时间，其中一些重大的事件，以及长年累月都在运用的知识、技巧等可以维持更长的时间，甚至终生。

最近，科学家们运用示踪技术，测定了在不同的学习过程中，脑内各部分细胞兴奋性与血流及代谢的变化，发现学习过程是有定位性的，也就是说，在脑内的一定区域控制着人类的学习活动。其中，最主要的是脑内称为"海马"的部分。此外，科学家们还从生物化学的角度探索了学习与记忆的过程。发现脑内的蛋白质代谢活动可直接影响学习和记忆活动。有人在金鱼身上做试验，发现当给金鱼注射一种嘌呤霉素的药物时，它可抑制金鱼脑内蛋白质的合成，此时金鱼不能进行正常的活动，出现活动过程的明显障碍。科学家们想象，是否可以找到某些可以促进或增加学习与记忆能力的蛋白质或其他物质呢？如果是这样，岂不是可以免除人类艰苦的学习与记忆过程，而使人们"一学就会"、"过目不忘"吗？

迄今已经有很多实验证据，证明在人的大脑中确实存在着与记忆有关的肽类物质，即所谓的"记忆肽"。那么，既然有"记忆肽"，是否还有与学习和记忆有关的"记忆基因"呢？从理论上讲应当是有的，因为肽或蛋白质都是基因表达的产物。事实上，科学家们在对一种称果蝇的双翅目昆虫进行研究时发现，在这种昆虫的脑内存在着一种称为"蘑菇小体"的结构，它与果蝇的学习记忆能力有极大的关系。

在正常情况下，是可以"教会"果蝇辨别各种气味的，并且它的这种能力在 24 小时内不会忘记。然而，当"蘑菇小体"区的基因发生突变时，这种学习与记忆气味的功能便会丧失，不但"教不会"，更无"记忆"能力。目前，科学家们已在"蘑菇小体"中发现十几个与学习和记忆有关的基因，如果其中有几个基因突变，或者人为地予以破坏，它们便不再能辨别气味了。

在我们人类的脑组织中，虽然已经查明某些结构与学习和记忆有关，如前述的"海马"区，但至今仍未找到确切的控制学习与记忆的基因。不过，脑科学家们相信，人类的脑组织结构中，一定存在有类似果蝇脑中"蘑菇小体"的结构，也会有许多与学习和记忆有关的基因，这些基因的表达，就会在大脑中产生出"记忆肽"一类的物质，赋予人类学习与记忆的功能。

现在，世界上许多有名望的神经科学家与分子生物学实验室正进行着人类记忆基因的研究工作。科学家们毫不怀疑，不久的将来，人类将彻底揭开自身学习与记忆的奥秘。到那时，一切学习与记忆障碍疾病的防治问题将迎刃而解，人们也必将开发出更有效，更合乎生理的"促智药物"来，无疑，人类将变得愈来愈聪明能干。

 思维指南针

> 古人说："知之者不如好之者，好之者不如乐之者。"对所学的内容有了浓厚的兴趣，就会积极主动而且心情愉快地学习，注意力高度集中，强化各感觉器官和思维器官的活动，形成大脑的兴奋中心，将各种知识信息不断地传给大脑的神经中枢，从而留下较深的印象。反之对所学科目不感兴趣，长期处于被动吸收的状态，你的学习就不安心，记忆效果不好。

唤醒沉睡的"宇宙"

古希腊的普罗塔戈说过："头脑不是要被填满的容器，而是一把需被点燃的火把。"21世纪，人类对于大脑的开发和研究也取得了令人瞩目的成就，最新的研究成果表明，人脑有上千亿个细胞，其中 98.5% ~ 99% 处于休眠状态，只有 1% ~ 1.5% 的细胞参与脑的神经功能活动。即使顶尖的科学家其大脑的利用率也仅仅使用了不到 10%，普通人的大脑的利用率之低更是惊人。

我们的大脑存在着巨大的潜能，这一点已经被无数的科学实验所证实，计算机至今也无法模仿人类的形象记忆和形象思维，可是人们对自己巨大

的潜能却视而不见，正如一位心理学家所说的那样：20 世纪人类最大的悲剧不是地震、灾害、战争，甚至不是原子弹投向广岛，而是千千万万的人活着然后死去，终其一生他们没有意识到他们每一个人的身上蕴藏巨大的无穷无尽的潜能，这才是人类最大的悲剧和最大的浪费。

人类大脑巨大的潜能开发来自于右脑，大脑左半球就是左脑，右半球就是右脑，但功能却大不一样。公元 1981 年，诺贝尔医学生理学奖得主罗杰施佩尼教授发现左右脑功能的不同，左脑被称为"语言脑"，右脑被称为"图像脑"。左脑是语言、文字、数学、逻辑思维、思考判断推理理解等，和显意识有关，工作方式是从局部到整体一点一点地积累式，而右脑是将收到的信息以图像处理，是形象思维、创造力、想象力、直觉力、高速大量记忆，处理节奏、旋律、音乐、图像和幻想等，是从整体到个体的学习方式即所谓的创造性活动。由于我们的学校教育主要是左脑教育，右脑巨大的天赋和潜能被忽略和白白地浪费了。

潜意识如一个巨大无比的仓库，它可以储存你人生经历中所有的认知、思想和情感。从你大脑形成时开始，一直到你死亡，你的所见、所闻、所感、所想，都会无一遗漏地存进你的潜意识。即使你没有刻意注意的事物、观念、人物或景象，只要它曾经进入过你的视野，或者通过其他途径对你的大脑产生过刺激，哪怕只是一点点，也会被存进潜意识的仓库。你可能觉得这有些不可思议，明明有些东西已经遗忘了，怎么能说还在记忆之中？事实上，你所说的遗忘，并非真正的遗忘，只是你在信息存储时没有正确地编码，在你提取时不能很快找到而已。就好像你把一本书随便扔进胡乱堆放的满屋子书中，当你需要时，你根本无法迅速将它找出来。而一旦处于某种特定的情境与氛围中，你那早已尘封的记忆可能会突然浮现于你的脑海之中，这就是潜意识记忆的体现。

我们已经知道，每个人的体内都有非常巨大的潜能，这种潜能一旦得到开发，我们就可以取得我们希望的任何成就。但是，如何才能将这种能量发掘出来，让它服务于我们的学习、工作呢？

心理学研究发现，每个人的头脑中都存在着两种思维状态——意识和潜意识。它们各自具有独立的特征和功能，共同构成了人类心理活动的基础。意识、潜意识、潜能大致成一种金字塔结构：

我们要开发自己的潜能，就是要通过意识唤醒潜意识，再通过潜意识的强大作用，开发大脑和身体的各个器官所蕴藏的巨大能量，将这些能量转变为我们战胜困难，争取成功的所需的力量。

意识是我们思想的源泉。它通过身体五官，即听觉、视觉、触觉、味觉、嗅觉以及想象感知世界。它的主要力量包括：理智、逻辑、判断、推理、良心和道德感。它给予我们在正常生活中以清醒的知觉、此时此地的自我认识、对自我处境的感知和理解。意识是我们控制神经机能，回忆往事，理解情感及意义的力量。更具体地说，它使我们理性地认识客观世界，认识我们的长处和短处。

潜意识是我们力量的源泉，它根植于人的本能，它能意识到个人的许多欲望，同时，将它们上升为意识存在。潜意识的力量包括：直觉、确信、鼓励、暗示、演绎、想象和系统，当然还有记忆力和创造力。它是通过独立于物理感官的手段来认识周围世界的，并借助直觉来感知世界。当意识休眠时，它还能有效地工作，并发挥最大的功能。但是，在清醒的时候，它同样也能发挥作用。

在人的体内，意识和潜意识同时存在，但其所占比重的差别是非常悬殊的。心理学家弗洛伊德曾用海上冰山来形容：浮在海面可以看得见的，是我们的意识，而隐藏在海面以下，看不见的更大的冰山主体便是我们的潜意识。虽然潜意识蕴藏的能量远比意识大的多，但是千百年来，我们对它的开发利用却微乎其微。

 思维指南针

如果我们不去积极的想方设法地去发掘自己的天赋和潜能，而是整天在那里埋怨"我的脑筋不好，记忆力差，我很笨，我不如别人"，那就成了捧着金饭碗在讨饭，殊不知是自己把自己天赋的大门关闭，永远要记住相信才是成功的起点，当你真正相信自己蕴藏着巨大的无穷无尽的潜能的时候，你才会真正走在通往成功的道路之上。

理解是记忆的大前提

在我们的学习中，少部分的知识是需要死记硬背的。例如，历史年代、河流长短、英语单词等；大部分知识，例如概念、名词、公式、定理、原理、课文等，则是要在理解的基础上记忆的。理解了的东西，就是原文背不得，由于理解了，也能够通过推理使之重现。例如："法律"这个名词解释，如果你理解了，那么你就会想这么三个问题："法律谁制定，法律表现什么，法律靠什么实施。"这样就很容易回忆起"法律是国家制定或认可，反映统治阶级意志，依靠国家强制力实施的行为规范"这一定义。

那么如何在理解的基础上记忆呢？

1. 认真听课

课堂教学是学习知识的重要途径，是老师和同学共同探讨新知识的来龙去脉的过程，是研究新知识的意义及适用范围的过程。例如，数学中的公式，基本上是在原知识基础上引申出来的，这就是"来龙"，还要用新学的知识解析习题，这就是知识的运用，到了学新课时，又引出新的公式和定理，这就是"去脉"，循环往复，学习更多的知识。课上好了，弄懂理解了，何愁记不住？即使没有全部记住，自己也能推导出来。

2. 课后一定要认真读课本

我们往往重视听课和记笔记，这是好的，但绝对不够。老师为什么能把课讲得头头是道，奥妙就在于他把课本研究得清清楚楚，把课文中的内容化解成自己独特的语言，加以组合。我们想学好，记住知识，应当重视对课本的阅读。现在的课本编得非常好，文科尤其是语文课本，课文前面有提示，下面有注释，后面有思考题有助于我们学习。老师讲课也是在研究了这些之后才组织起来的。理科类的比如数学，开始有例题，例题后面是公式定理，后面又是例题，最后是练习。老师讲的例题有时就是书上的，或变一变字母、数据而已。所以要加深理解和记忆就应该把课文读好。

3. 读书要动笔

古人说"不动笔墨不看书",非常有道理。读书时把我们认为精彩的、吸引你的勾画出来,在读不懂的地方做一个记号,课上注意听,课余时间再请教,你就能理解啦。何愁记不得、记不牢。

4. 要做练习

读书要通,听课要理解,理解的目的是运用,练习就是运用学到的知识。老师在布置练习时,是考虑到知识掌握理解和记忆程度的。因此,能用学到的知识独立练习,就会理解得更深刻,记忆也会更牢。

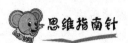 思维指南针

> 心理学家认为,记忆的两个条件是:在大脑中建立联系或产生联想,达到理解,建立起各知识点的广泛联系,这样才能记得牢固。

好方法是提高记忆的关键

在学习的时候,经常会碰到一些不理解的材料。有的年代久远,跟生活距离太远;有的没有学习过,一时难以理解;有的限于年龄、知识水平,理解有一定难度;有的连专家学者也莫衷一是,对我们来说,能够透彻理解更有相当的难度。凡此种种,不足为怪。

怎样记暂时不理解的材料呢?这要从"记什么"和"怎样记"两个方面来把握。

1. 区别对待

有的材料虽暂时不理解,但是属于奠基性质的,有启迪智慧、陶冶性情的功能,应当背诵记忆。例如我国古代许多诗歌名篇,虽然我们不很了解它的写作背景、丰富的思想内涵,但是读后能够感受其形象美、语言美,

其中的名句还可以鞭策自己，如果背诵下来，就会得益匪浅。对暂时不理解的材料，有用和无用的混杂在一起，就要或吸收、或存放、或舍弃。例如文言文中的成语典故，有的今天还有强大的生命力，经常用得上，就要弄清它的意思，把它记住。

2. 录以备忘。

学习是一个积累的过程，从未知到已知，从少见到多识。今天所不知，或许明天即已明白。对于有益有用的暂时不理解的材料，许多可以录以备忘。有两种方法：（1）在书本文章中勾画出来，做上记号，给自己提个醒；（2）准备一本读书札记本，专门记录那些暂不理解的材料。这样，在学习之余，可以通过多方渠道勤查阅资料，一个问题一个问题地解决。

 思维指南针

> 学习时，对诗歌、散文等有意义的材料，或难度小，分量少的知识内容，要集中一段时间把学习材料记熟，不休息地反复练习；而对无意义材料、难度大、分量多的材料，要分散成若干次记熟。除此，还要不断进行尝试回忆，可使记忆有错误得到纠正，遗漏得到弥补，使学习内容难点记得更牢。闲暇时经常回忆过去识记的对象，也能避免遗忘。

摸准自己的"生物钟"规律

生物钟又称生理钟，它是生物体内的一种无形的"时钟"，实际上是生物体生命活动的内在节律性。大自然许多生物都存在着有趣的生物钟现象。例如，在南美洲的危地马拉有一种第纳鸟，它每过30分钟就会"叽叽喳喳"地叫上一阵子，而且误差只有15秒，因此那里的居民就用它们的叫声来推算时间，称为"鸟钟"；在非洲的密林里有一种报时虫，它每过一小时就变换一种颜色，在那里生活的家家户户就把这种小虫捉回家，看它变色以推算时间，称为"虫钟"。

人类也有生物钟，很多人都会有这样的经历：有时候看书的效率特别高，而有时候看书总是进入不了状态。这其实就是人体生物钟在起作用的缘故。按照人的心理、智力和体力活动的生物节律，来安排一天、一周、一月、一年的作息制度，不仅能提高学习效率和学习成绩，还能减轻疲劳。青少年应有效利用自己的生物钟进行学习。

　　生物钟的形成既有先天的因素，也有后天学习、工作环境长期养成的因素。所以我们在复习的早期一定要注意结合考研的特点调整好自己的生物钟，从而达到有效利用的效果。

　　1. 人体生物钟先天既有的规律

　　8：00 ~ 11：00

　　进行一些创造性思维活动的最佳时间。最好把一天中最艰巨的任务放在此时完成。

　　12：00 ~ 14：00

　　一天中快乐的情绪达到了高潮，适宜进行活动。

　　14：00 ~ 16：00

　　此时会出现所谓的"下午低沉期"。此时易出现困乏现象，最好午睡片刻，或是做些有趣的阅读，尽量避免乏味的活动。

　　16：00 ~ 18：00

　　人体从"低沉期"解脱出来，思维又开始活跃。可把一天中较重要的学习活动放在此时做。并且这是进行长期记忆的好时光。

　　19：00 ~ 22：00

　　21 时是人体的记忆力处于全天最好的状态，此时读书、写字的兴趣性较高，是学习的最好时间。

　　23：00 ~ 24：00

　　人体准备休息，各脏器活动极慢，进入梦乡。

　　人体生物钟大致分三类：昼型、夜型、中间型。昼型表现为凌晨和清晨体力充沛，精神焕发，记忆力理解力最为出色，如数学家陈景润、作家姚雪垠都习惯凌晨两三点钟投入工作，效率很高。夜型是一到夜晚脑细胞特别兴奋，精力高度集中，如法国作家福楼拜就习惯整夜写作，以到久而久之，他家彻夜不熄的灯光竟成为塞纳河上船工的航标灯了。中间型介乎前两者之间，清晨和上午学习工作效果特别好，如诗人艾青，在这两个时段，文思泉涌，妙笔生花。

这些名人正是利用了生物钟，使才智得以淋漓尽致地发挥。要提醒学生朋友的是，他们生物钟的形成有两种原因：既有先天的因素，也有后天工作环境长期养成的因素。其实人的生物钟是可以调整的，外交官和运动员为了适应世界各地的时间差，就得人为地调整自己的生物钟，努力使自己在最需要体力和精力时，处在最佳状态。

青少年正处在身心发展时期，不管生物钟是什么类型，应当取得这样一个共识：上午8点开始，要进入学习，一学4个小时，6点钟后洗漱吃饭上学，等到上午数学、英语、语文等老师轮番指导、系统复习时，恐怕会极不情愿地昏昏欲睡了；如果你过分强调夜型特点，非通宵达旦复习不可，等太阳升起来，你却要倒床睡觉了。所以我们不主张中学生朋友们过于强化自己的生物钟类型。不妨这样试试：晚上晚睡会儿，早晨多睡会儿，以保证白天体力充沛，精神饱满。如果中午打个盹儿，下午放学再睡个小觉，那么，就把时间切割成早晨、上午、下午、晚上4个最佳时段。不过，这两个小觉一定要短，讲究高质量，即有4个指标：入睡快，睡得深，不超过1小时，醒后特有精神。当然，这只是个建议，关键还在于根据你的实际情况来制定。

 思维指南针

如何才能按照自己想要的作息时间的调节生物钟呢？

作息一旦形成习惯，改变起来需要一个过程，所以不要太着急。一般来说，越轻松的状态下越容易改变生物钟。所以建议想调节生物钟的同学在寒假里来改变你的作息。因为假期里的精神状态比平时要轻松。

如果你想重定自己的起床时间，可以在睡觉前给自己一些心理暗示。比如：在心里对自己说："我希望明天6：30起床。"

寻找大脑喜欢的记忆方式

心理所研究专家认为，记忆的过程分为"编码""储存""提取"这三个阶段。如果运用记忆技巧，使大脑在编码阶段里储存的信息越多，诸如图形、声音、情境等，在"提取"阶段就有更丰富的信息。有研究表示，传统记忆方法死记硬背，一般记住 10 天后，遗忘率高达 70%～80%，而通过快速记忆方法，遗忘率仅 10%。

记忆技巧是可以通过训练获得提高的，我并不是什么天才，只要掌握了正确的方法，每个人都可以成为天才。

两分钟内将 108 个毫无关联的数字看完并完整背出，10 分钟内将一叠名片上的人名及对应手机号码背下，一小时记忆 100 个英语单词并且不遗忘，这些看似不可能的事情，对于任何一个经过正规记忆训练的普通人来说，都绝非难事。

研究人员发现，记忆力和智商没有多少关联。记性好的人只是使用一些记忆技巧，比如将记忆对象和一些可视的线索相联系。以记忆整副扑克牌次序为例，可以将每张牌对应一个人或一件东西，然后按照这些人物或东西的出场顺序编个故事。

"世界脑力锦标赛"的发起人托尼博赞先生曾说，大脑拥有超过 100 万的神经单元或细胞，每一个神经单元的计算能力都比一台标准计算机更为强大，人类的大脑可以产生无限量的思维模式并进行无数的运算。但目前，绝大多数人的大脑只使用了不到 1%，我们完全可以通过记忆力的培训来改变潜能闲置的状况。

小李从去年开始对记忆术着迷，课间休息时，他会拿出扑克牌，全神贯注地盯着琢磨。时间长了，同学们都觉得小李一定是脑子出了问题。小李说，那是他在"训练"。

小李曾是一个成绩平平的学生，背英语单词是他最头痛的任务。学习记忆术一个多月后，小李可以背下单词书里所有的单词。

小李一再强调，他和多数人一样曾经为自己记忆力不好烦恼，完全因为学习了记忆技巧，才让他具备了超过常人的记忆力："普通人和记忆天才之间的区别只是在于掌握窍门而非天赋。"

"其实，记忆技巧是可以通过训练获得提高的，我也并不是什么天才，只要掌握了正确的方法，每个人都可以成为天才。"

科学数据显示，人脑对图像的加工记忆能力大约是文字的 1000 倍。图像的颜色、线条、符号，比词汇更易被大脑接受。任何记忆都会有遗忘，因为遗忘也是有规律的，人不但要学会记忆，还要学会遗忘，这些在我们的生活当中是非常普遍的。

吉尼斯世界纪录中记纸牌记得最多的是一名英国人，他只需看一眼就能记住 54 副洗过的扑克牌（共计 2808 张牌）。

20 世纪 20 年代，亚历山大·艾特肯能记住圆周率小数点后 1000 位数字，但这一纪录在 1981 年被一位印度记忆大师打破，他能记住小数点后 31811 位数字；这一纪录后来又被一位日本记忆大师打破，他能记住小数点后 42905 位数字！

您也许无法仿效这样惊人的技艺，但您可以用与这些记忆大师们一样的方法来改进和提升您的智力与记忆力。您有多聪明或曾受过多高的教育都没有关系，有很多窍门和技巧可帮助您最大限度地利用您的脑细胞。

在这种方法中，必须以你了解自己记忆力非常好的情况下，才能增强记忆。这种方法不会变成习惯，相反地，越使用这种心理的方法，就越不需要使用这种方法记忆。

什么是心理的方法？简单地说，增强记忆力的心理力方法就是你必须获得自己记忆很好的意识。

（1）保持了解自己记忆很好的态度

如果以前你一直认为自己记忆很差，突然要你产生相反的念头，告诉自己"我记性很好"，似乎会觉得有点自相矛盾。其实，你应该想一想——以前，你一直认为自己记忆不好，所以，才会造成如今记忆不好的情况。想要改变自我时，首先必须改变对自己的态度。当你每次告诉自己"我记忆很好"时，你正一步一步地实现这种状态。

只要遵从本方法，你的记性一定会比现在更好。其他四项步骤将可以更急速地培养你良好的记忆力。

（2）培养集中力

精神集中对增强记忆力非常有效，当然，首先需要进行自我训练。如果你有"神游"的习惯，更应该如此。

在读书时，最适合练习集中，或许听起来感觉很奇妙。我们在阅读印刷文字时，往往脑子里想着其他的事。也因此会纳闷，为什么自己读了老半天，却根本记不住。

在练习时，首先选择一本比较有趣的书。先读其中的一章，然后将书放在一边，在脑海里回忆刚才读了些什么。如果一章的内容太长时，也可以只读一页，在阅读完那一页后，试图回想刚才所读到的所有内容。在练习一两周后，你就会讶异自己读书可以有如此效率。

在听别人谈话时，要养成边听边思考，也就是思考你听到的内容。当对方说完话时，你应该了解一下，自己是否能够回忆起所有谈话的内容。

这些练习都有助于增加你的集中力。换句话说，你会提醒自己集中精神，你就会自动地训练自己一次只思考一件事。

我们经常记得某人的脸，但却不记得对方的名字。如果这种事从来不曾发生在你身上，那么，你一定属于"稀世珍宝"。你知道为什么我们比较容易记得对方的脸？原因十分简单，因为，当别人向你介绍某人时，名字通常会说得含糊不清。时间也只有一两秒而已。然而在谈话期间，我们一直注视着对方的脸。所以，脸比名字更容易记忆。

但只要你愿意努力，你可以像记住对方的脸一样，轻易记住对方的名字。当别人向你介绍对方时，可以重复一下对方的名字。如果对方的名字不常见时，还可以如此增加记忆，"托洛克莫顿先生，你的名字很少见，是怎么写的？"在向对方发问时，也可以不时地称呼对方的名字，"托洛克莫顿先生，你在这里住很久了吗？"除此以外，还有许多可以帮助记住名字的方法。例如，可以向对方要一张名片，就可以借由视觉效果增加记忆。另外，多写几次对方的名字，也会加深印象。

（3）训练记忆力

许多人一定会认为，如果自己再年轻一点，就可以简单地增强记忆力。其实，我要明确地告诉各位，年龄与记忆根本没任何关系。有人在三十几岁时，记性就很差，而有些八十多岁的人记忆力仍然十分理想。所以，记

忆力根本就不是年龄的问题，而是运用方法的问题。

记忆力训练，有助于增强"我记性很好"的意识。在每次记忆练习后，一定会切实感受到自己真的拥有良好的记忆力，而且这种感觉会越来越强烈。

如果不使用肌肉，肌肉就会慢慢松弛，记忆力也是一样，如果不加以使用，就会逐渐变得迟钝，这与年龄没任何关系。记忆力的训练不仅可以改善记忆力，而且可以使精神更加敏捷。这对增加集中力也有很大的帮助。背诗是训练记忆力的良好手段之一。先开始背一些比较简短的诗，当内心加以记忆后，就会觉得"记住这些太简单了"。当可以轻易记住简短的诗后，就可以选择较长的诗歌，将之收藏在心灵的仓库中。

思维指南针

> 记忆力优秀的人会同时运用五感，或至少会动员与记忆的有关事项有关的感觉。经由视觉，将肉眼所能看到的特征——大小、颜色及质材等刻入头脑。触觉则可以告诉我们材质细腻或粗糙等感觉。味觉可以告诉我们酸甜苦辣等味觉资讯。嗅觉则可以告诉我们其味道芳香，或是气味难闻。听觉可以让我们了解声音高低、嘈杂、愉快等讯息，有助于增加我们的记忆。

链接八

记忆思维能力测试

这里提供一套测试题，看看你是记性不好还是漫不经心。

用"是"或"否"回答下列问题。

1. 你是否在干某件事的同时，能听到周围的人在谈论什么？

2. 你的朋友和熟人是否经常捉弄你？

3. 你是否经常由于粗心大意而失算？

4. 当你穿过马路时是否仔细观察四周？

5. 你是否在马路上捡到过钥匙或钱之类的东西？

6. 你是否能回忆起两天前看过的电影的细节？

7. 当有人不让你继续读书报、看电视或做其他事情的时候，你是否生气？

8. 你在家里是否能很快找到需要的东西？

9. 在马路上有人突然有人喊叫，你是否会哆嗦一下？

10. 在商场购物，你是否在收款台旁就检查找回的零钱？

11. 你是否有过这样的事：把一人当成另一人？

12. 你是否因专心谈话而坐过了站？

13. 你是否能在大城市里，不靠别人帮助，找到仅去过一次的地方，例如：博物馆、剧院、办公楼或超市。

14. 你早晨是否很容易就醒过来？

15. 你是否能流畅地说出你亲人的生日？

评分标准：

回答为"是"的：1、2、4、5、6、8、10、13、14、15
回答为"否"的：3、7、9、11、12
以上的题目答对一题得1分。

测试结果：

0~5分
说明你是粗心大意的人。

6~10分
说明你对生活是较为关注的人。

11~15分
说明你是个非常仔细的人，你的记忆力和注意力让人羡慕。

游戏乐园八：记忆思维训练

1. 许特尔记忆图表

如下有 25 个方格的图表中，无顺序地排列着阿拉伯数字 1~25。请你按照 1~25 的顺序边读边指出每个数字的准确位置，看看自己找出全部数字的最快速度是多少。

13	10	17	24	4
5	21	1	8	14
11	6	15	22	19
3	18	12	2	25
16	7	20	23	9

25	4	16	7	20
14	18	21	2	10
23	6	24	13	17
8	1	15	12	3
11	19	5	9	22

2. 回忆填图

仔细观察第 1 组图，然后将它们遮住，根据记忆从 A、B、C、D 中选出第二组图中缺失的图形。

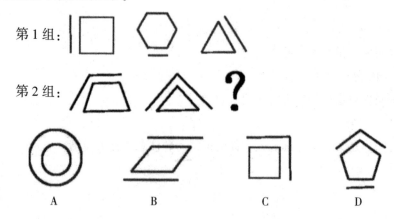

第 1 组：

第 2 组：

A   B   C   D

3. 金库密码

编写一组金库密码，例如左1、右5、右9、左4、右3、左6、左8、右2、左7，在规定时间内记住它们，并准确无误地将它们背诵出来。

4. 瞬间找不同

（1）请用10秒钟时间观察 A 组图，然后覆盖住 A 组图，从 B 组图中找出在 A 组图出现过的图形。

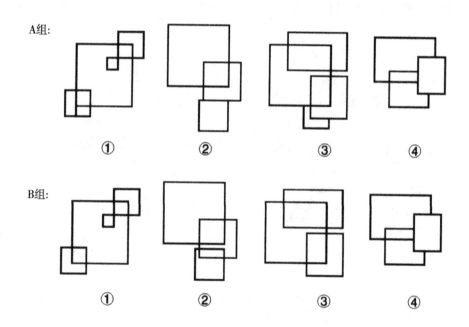

A组：

① ② ③ ④

B组：

① ② ③ ④

（2）请用10秒钟时间观察 A 组图，然后覆盖住 A 组图，从 B 组图中找出 A 组图中没有的图形。

A组：

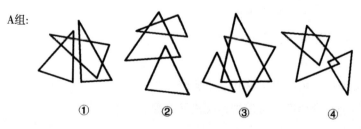

① ② ③ ④

B组：

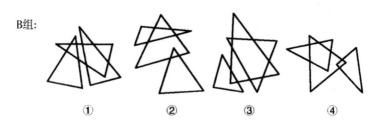

① ② ③ ④

（3）请用 10 秒钟时间观察 A 图，然后覆盖住 A 图，观察 B 图并说出 A 图中的哪些标记从 B 图中消失了。

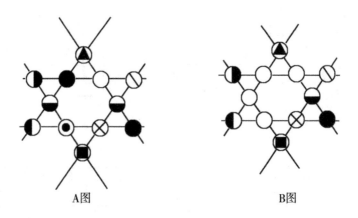

A图   B图

5. 手势回忆

两人一组，A 首先认真看 B 做如下五个手势，而且只能看不能跟着做。在 B 把五个手势做完后，由 A 按顺序重复做出来。

手势一：双手各伸出中指和食指。

手势二：双手各伸出小指。

手势三：双手各伸出 5 个手指。

手势四：双手各伸出大拇指。

手势五：双手握拳。

第一遍做完后，可以再把这几个手势倒着做一遍。

比比谁的记忆力更好，看谁做得又快又准确。

6. 减少信息

在桌子上摆放一行物品：手表、铅笔、水杯、糖块、火柴棒、书、剪刀、积木、钥匙、报纸。

让你的同伴面对桌子观察 1 分钟，然后请他背对桌子说出每件物品的名称。

让同伴面对桌子观察 1 分钟，然后遮住同伴的眼睛，悄悄拿走铅笔、糖块、剪刀。给同伴解开眼罩，让他说出桌子上少了哪些物品。

7. 复谜数字

5

36

985

8 134

03 865

173 940

8 377 291

34 820 842

649 320 048

9 385 726 283

83 721 547 497

932 624 499 284

4 872 058 713 339

93 810 492 248 113

837 295 720 488 820

9 285 720 683 004 826

59 275 028 148 532 811

请你的朋友以正常说话的速度念一遍以上这些数字，然后你凭记忆依次一排排说出数字，看看你能记住多少数字。

8. 选择记忆

这个游戏需两人一组进行。甲依次念下列各组数字和汉字，每隔一秒钟念一个数字或汉字。甲每念完一组，乙只需把甲念过的数字按顺序复述出来，不能念汉字。例如，甲念："家—4—水—3—风。"B 念："4—3。"

第一组：家—4—水—3—风。

第二组：快—走—7—军。

第三组：开—8—寸—5—电— 6。

第四组：表—2—多—5—饮—3。

第五组：好—3—坏—9—东—6—手—2。

第六组：嘴—2—书—1—笔—4—飞—9。

9. 过目不忘

请仔细观察、记忆下面的 5 个人物的名字和职业，然后覆盖住图像下的名字和身份，尝试着将它们写出来。

张雪——护士　　　　王存——邮递员　　　李凯——消防员

张波——建筑工人　　李丽——服务员

10. 突变

4 张卡片上的 3 幅图已经画出来了，你能把第 4 张卡片上的图也画出来吗？

11. 缺少的立方体

图中这个 6×6 的立方体中缺少了多少个小立方体？

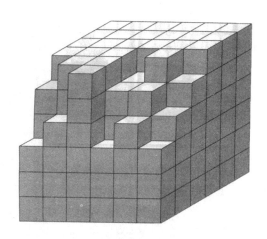

12. 重物平衡

最上面的 2 个天平都处于平衡状态。

在第 3 个天平的右边需要放多少个蓝色和黄色重物才能使天平平衡？

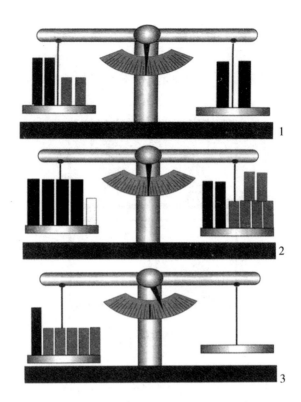

13. 总数游戏

两个游戏者轮流将从 1 开始的连续整数写在上面两栏中的任意一栏。

栏 数 1	栏 数 2
1	3
2	5
4	6
7	

每次放进某一栏的数字不能等于这一栏中已经有的两个数字之和。不能继续放数字的游戏者为输家。

在上面的这盘示范游戏中，游戏者2（红色数字代表的）为输家，因为他不能把8放进任意一栏。

在第1栏中：$1+7=8$；

在第2栏中：$3+5=8$。

你能否找到一种方法使得其中一个游戏者每次都赢？

14. 旋转的物体

这是一个三维物体水平旋转的不同角度的视图，但是它们的顺序被打乱了，你能否将它们按照原来的顺序排列成一行？

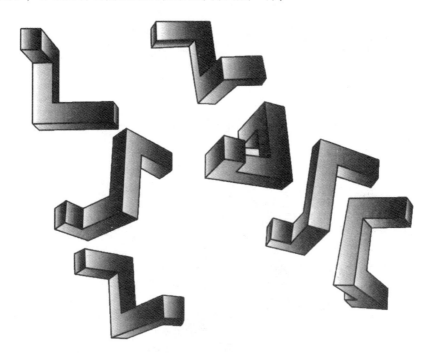

15. 三角形数

你能将前10个自然数（包括0）分别填入三角形中，使三角形各边数字的总和都相同吗？

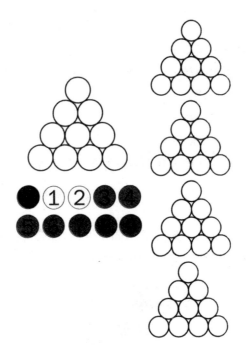

16. 连续整数

天平上放着 3 个重物。这 3 个重物的重量为 3 个连续的整数，它们的总和为 54 克。问这 3 个重物分别重多少？

17. 小猪存钱罐

我的零花钱总数的 1/4，加上总数的 1/5，再加上总数的 1/6 等于 37 美元。请问我一共有多少钱？

18. 柜子里的秘密

我的电脑桌旁边的一面墙上有一些小的木柜子，平时可以放一些小东西，我就把自己的收藏分别放在这些框子里。放的时候我按照英文字母的排列顺序，如图所示。这个顺序能够提示我记住密码。

你能猜出我的密码是什么吗？

附　录

游戏乐园一：创新思维训练答案

1. 两枚古钱币

赔了 5 元。

从一枚赚了 20% 而另一枚赔了 20% 的表面现象看，似乎是不赔不赚。但这两个比率所比的对象不同，因而也是两个相对数。如按每枚 60 元出售，则赚了 20% 的古钱币，其收购价格为：$60 \div 100/120 = 50$ 元；另一枚赔了 20% 的古钱币，其收购价格为：$X \times （1 - 20\%） = 60$ 元，$X = 75$ 元。

这样，两枚古钱币的收购价格为 $60 + 75 = 125$ 元，而出售价格为 120 元，所以这个人在这次交易中，赔了 5 元钱。

2. 最后一个字母

太容易了，你可能脱口而出是"Z"可是难道你不觉得这样答太容易了吗？"过分容易"的问题、你更要全面思考，认真回答。Z 是 26 个字母中最后一个，题中问的是英语字母表的最后一个字母，不知你体会到了题中用意没有。正确答案应该是 T。因为 alphabet。（字母表）的第一个字母是 A，最后一个字母是 T。ALPHABET。

3. 分蛋糕的卡比

如果运用常规思维我们也许真的无法解决这一难题，但是聪明的卡比进行了非常有创意性的思维。他先将 9 块蛋糕分装在 3 个盒子里，每个盒子放有 3 块蛋糕，再把这 3 个盒子一起放在 1 个大盒子里，再用包装袋扎好。

4. 升斗的妙用

用升斗斜着量就可以做到。

旧有的思维习惯紧紧追随着我们，我们使用量杯或升斗时，常习惯于平直地计量体积。当你为解答这道问题而愁眉不展时，你可能从没想到改变一下升斗的摆放测量方式，把升斗歪斜使用、改变虽然很小，却是打破习惯和思想解放的表现。有时是很难迈出的一步。与这个问题相似，日常生活中有些货物难以进入狭窄的门口时，就需要上下颠倒或前后左右歪斜。

5. 隧道里的火车

两列火车在不同的时间里驶入隧道。

按惯性思维，列车从相反方向以最高速度驶入单行隧道。它们是不可能不相撞的。但是，我们利用一下创新思维，注意一下命题中所给的时间限制是"一天下午"，一个下午的概念是六个小时，从中我们可以得到答案，两列火车到达隧道时的时间是不同的。

6. 三家分苹果

张三家得 6 斤，王四家得 3 斤。

似乎应将 9 斤苹果按张三、王四家所劳动的比例——5∶4 来分配。于是张三家得 5 斤苹果，王四家得 4 斤苹果。但这种分配是缺乏分析力的想当然的分配。

之所以会有这种想当然，是因为本题中的"张三、王四、李五"等文字带有数字，无形中起了一种干扰的作用，使得思维只想紧紧抓住"5 天、4 天、9 斤"的关键数字的干扰，于是很容易将这些数字之间的合比例关系作为"第一感觉"，将解决问题的思路定为"按现有合比例分配"。其实，这种简单的"现有数字合比例"是一种隐藏了正确比例关系的假象。我们不妨重新整理、组合一下题干中所出现的各种关系。

首先，不妨先将"张三、王四、李五"改变为 A、B、C；其次，再整理 A、B、C 三家对打扫楼梯的关系以及他们相互之间的关系。

A、B、C 三家对打扫楼梯的关系是每家各打扫 3 天。在此基础上，A 与 C 的关系是帮助 2 天与被帮助 2 天的关系；B 与 C 是帮助 1 天与被帮助 1 天的关系。在这里，不能将 A、B 两家对打扫楼梯的关系混同于 A、B 两家对 C 家的关系。所以，A、B 两家自己所应打扫的 3 天不能重复计算在内。这样，C 对 A、B 的酬谢就只能按 2∶1 的比例划分。而不应当按 5∶4 的比例划分了。

所以，A 所代表的张三家应得苹果 6 斤，B 所代表的王四家应得苹果 3 斤。

7. 老板损失了多少

A 店铺老板只损失了 100 元钱。

A 店铺老板的气恼在于，他认为自己损失的钱包括被买走的 90 元钱的东西，找出去的 10 元钱，赔偿给 B 店铺老板的 100 元钱。总共为 200 元钱。

B 店铺老板的安慰在于，他认为 A 店铺老板从自己这里拿了 100 元钱。除找给买东西的人 10 元外，还剩下 90 元。这次赔偿自己 100 元钱。实际上只损失了 10 元钱。

但他们的这种思考，都被表面现象缠绕住了。我们还是从这次交易的各种关系入手分析。

A 店铺与买东西的人是买卖东西的交易关系，A 店铺与 B 店铺老板是兑换零钱的关系，所以，他们之间分别是两个对称性关系。

首先，先看 A 店铺老板与买东西的人之间的关系。这个人付了 100 元的假钞，拿上 90 元的东西和 10 元零钱溜了。他实际上什么也没有支付。因此，在这次交易中，他受益了 100 元钱。由于"受益"与"损失"是相对应的，所以 A 店铺老板损失了 100 元。他们之间的关系是反对称关系。

其次。再看 A 店铺老板与 B 店铺老板之间的关系。由于 A 店铺老板

最初给 B 店铺老板的 100 元钱是假钞，所以他如不给予赔偿，就等于 B 店铺老板损失 100 元，与此相对应，A 店铺老板受益 100 元。这也是一种反对称关系。但由于在 A 店铺老板与买东西的人之间所先已存在的反对称关系，实际上 A 店铺老板将自己的损失转嫁给了 B 店铺老板。由于发现假钞及时，A 店铺老板还给 B 店铺老板 100 元，这就等于是他从 B 店铺老板那里借了 100 元钱，而后又还回去 100 元钱。所以，A 店铺老板与 B 店铺老板之间的反对称关系已不复存在。在新的对称性关系中，B 店铺老板无所谓损失，也无所谓受益。既然 B 店铺老板没有什么损失与受益，作为对应的 A 店铺老板也没有什么损失和受益。这是一种对称关系。

至于 B 店铺老板的安慰，其错误在于，在他的结算中，他只分析了 A 店铺老板 10 元钱的货币损失，忘记分析并综合 A 店铺老板 90 元钱的货物损失了。

围绕 100 元假钞的全部问题到此为止，思维紧跟 100 元假钞走的分析结果是，最终 A 店铺老板损失 100 元。

8. 大苹果与小苹果

少卖了 6 元钱。

卖苹果的人之所以上当，是因为将局部成立的比例关系的传递性，当成了整体成立的比例关系的传递性，因而产生了计算错觉。

将大苹果与小苹果搭配着卖，这种思考方法本身并没有疑问。问题在于局部的比例关系向整体的比例关系发展过程中，有没有自始至终的传递性？

实际上，某一事物，当它们的局部成立的比例关系向整体的比例关系发展推广时，这种比例关系并非永远是传递性的，有时可能是非传递性的，亦即：虽然 ARC 真，并且 BRC 真，但 ARC 真假不定。这就需要分析一下合理的比例关系到什么程度为止。

如本题中，30 千克小苹果按 3 千克一份划分，可以分为 10 组；而 30 千克大苹果按 2 千克一份划分，则可以分为 15 组。因此，将它们以 3∶2 的比例搭配时，组合到第 10 组时，小苹果就组合完毕，余下的 5

组 10 千克大苹果就不可能再按 3：2 的比例组合，只能以大苹果的实际价格来卖了。如果仍然将这 10 千克大苹果按搭配价格来卖，自然就会少卖钱了。

亦即，10 千克大苹果本来应该卖：

6（元）×5（组）＝30（元）

而实际上只是卖了：

12（元）×2（组搭配）＝24（元）

少卖的 6 元钱就是这样产生出来的。

9. 寻找戒指

先把包裹分成 3 个一组，取其中两组称。如果秤上有一组比较重。那么戒指在这 3 个包裹的一个里面；如果秤上两组一样重，那么戒指在另外 3 个包裹的一个里面。然后在 3 个包裹里取两个摆到秤上称，如果有一个比较重，那么戒指就在这个包裹里；如果两个一样重，那么戒指在不在秤上的那个包裹里。

10. 奇怪的人

因为这个人是个小孩。

11. 等于 2 吗？

"8 加 6 的结果仍然等于 2"中，如果数字代表的是时间，就可以成立。比如，上午 8 点往前推 6 小时是凌晨两点，而往后过 6 小时就变成下午两点了。

12. 同一款服装

因为她看到的是镜中的自己。

13. 不明白的训话

经理发下来的文件是黑色影印的，因此根本就看不出用红笔写的部分在哪儿。

14. 猜物品

镜子。

15. 闹钟没有错

这是一个在镜子里看数字的时钟。事实上，如图所示，12 点 11 分是 11 点 51 分、11 点 51 分是 12 点 11 分、12 点 51 分正好也是 12 点 51 分。其他时间钟表的数字是反过来的，从镜子里看一定马上会察觉出来。小明碰巧看到了不用镜子也看得出来的时间。

16. 谁是最先进驻的

空地。

17. 最快的办法

再加水。

18. 考爸爸

小民说的是两只手的 10 根手指头。一只手的 5 根手指中，只有拇指（爸爸）可以和其他手指见面，其他手指之间却很难面对面。

19. 不会模仿的动作

人紧闭两眼，猴子也两眼紧闭。但人什么时候睁开眼睛，猴子是永远不知道的。

20. 聪明的小孩

小孩回答："要看是怎样的桶，如果桶和水池一样大，那就是一桶水；如桶只有水池的一半大，那就是两桶水；如桶只有水池的三分之一大，那就是三桶水。如果……"

21. 取出樱桃

如图所示。

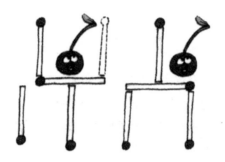

22. 加火柴

如图所示，可以把火柴竖起来当小数点用；还可以将一根火柴斜放在等号上，变成"不等于"。这两种方法都能使式子成立。

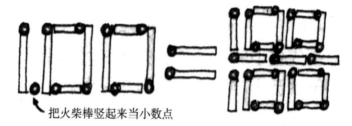

把火柴棒竖起来当小数点

23. 改变楼高

0 根。如图所示，将它变个方向就是两层楼高的房子了。

24. 添一根火柴

如图所示，倒过来看就是扑克牌中的"A"（即一点），也就是数字 1。思维要活跃哦！

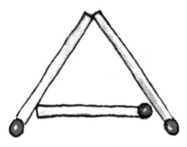

游戏乐园二：逻辑思维训练答案

1. 猴子分苹果

原来至少有 3121 个苹果，最后剩下 1020 个苹果。

2. 倒了多少牛奶和水

开始时，A 桶里有 5.5 加仑水，B 桶里有 2.5 加仑牛奶。最后，A 桶中有 3 加仑水和 1 加仑牛奶，在 B 桶中有 2.5 加仑水和 1.5 加仑牛奶。

3. 新的电话号码

假设旧号码是 ABCD，那么新号码则是 DCBA。已知新号码是旧号码的 4 倍，所以 A 必须是个不大于 2 的偶数，即 A 等于 2；4×D 的个位数若要为 2，D 只能是 3 或 8；只要满足：

$4 \times (1000 \times A + 100 \times B + 10 \times C + D) = 1000 \times D + 100 \times C + 10 \times B + A$

经计算可得 D 是 8、C 是 7、B 是 1，所以新号码为 8712，正好是旧号码 2178 的 4 倍。

4. 飞行的距离

苍鹰飞了两地距离的 6/7。

5. 分牛

一共有 15 头牛。

6. 多少级台阶

一共有 119 级台阶。

7. 罗蒙诺索夫的生卒年份

罗蒙诺索夫出生于 1711 年，死于 1765 年。

8. 多少坛酒

一共有 567 坛酒。其实计算的方法很简单。只要先计算出中间一层是 $7 \times 11 = 77$ 坛即可，再将这个数乘以 7，最后加上常数 28 就是答案了。

9. 古刹的台阶

楼梯一共 112 级，每层相差两级。

10. 论证时间

科尔教授至少用了 156 天。

11. 分到多少糖

先确定姐妹分配糖果的比例是 9：12：14。因此，最后大姐分到 198 块，二姐分到 264 块，小妹分到 308 块。

12. 怎么分遗产

儿子是妻子的 2 倍，妻子是女儿的 2 倍。相当于将财产分成 4 + 2 + 1 = 7 份，儿子占 4/7，妻子占 2/7，剩下的遗产是女儿的。

13. 花花跑了多远

小猫花花一共跑了 5000 米。花花跑的速度是不变的，所以只需知道小猫跑的时间，就可以计算出它所跑的距离。经计算得知明明追上丽丽用了 10 分钟，所以花花跑了 5000 米。

14. 小鸡与饲料

共有 300 只小鸡，鸡饲料足够维持 60 天。

15. 蜡烛燃烧的时间

两支蜡烛各烧了 3 小时 45 分钟。

16. 猜数问题

将这四个数字分别设为 1，2，3，4。它们的排列情况有 24 种可能性。

其中第二个数字大于第一个数字的可能性有 1 2 种，其中有 6 种是第二个数为最大的。如果继续翻下去，只有 5 种情况可以得到最大数，赢的概率为 5/1 2；而不继续翻下去，赢的概率就是 6/12，大于继续翻的概率。因此，为了赢的希望大些，就不应该再继续翻牌。

17. 猜扑克

K

J A Q

J K J

K

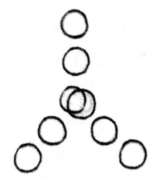

18. 排列办法

按照常规，很难找到解决问题的办法。想到题中并没有规定棋子不能重叠排放，一下子就能找到答案：在相交点处放上两颗棋子，问题就能迎刃而解了！

19. 纸牌游戏

根据（1）（2）和（3），这个人手中四种花色的分布情况有 3 种可能：

（a）1 2 3 7

（b）1 2 4 6

（c）1 3 4 5

根据（4），能排除情况（c），因为其中所有花色都不是两张牌。根据（5），情况（a）被排除，因为其中任何两种花色的张数之和都不是 6。

因此，（b）是实际的花色分布情况。

根据（5），其中要么有 2 张红心

和 4 张黑桃，要么有 4 张红心和 2 张黑桃。

根据（4），其中要么有 1 张红心和 4 张方块，要么有 4 张红心和 1 张方块。

综合（4）和（5），其中一定有 4 张红心，从而一定有 2 张黑桃。

综合起来，这个人手中有 4 张红心、2 张黑桃、1 张方块和 6 张梅花。

20. 围棋的另类玩法

设最初的空圈是 1 号圈。每走一步用两个数字表示：前面的数字表示起步的圈号，后面的数字表示止步的圈号。31 步应为：9—1；10—8；21—7；7—9；22—8：8—1 0；6—4；1—9；1 8—6；3—11；16—1 8；18—6；30—18；27—25；24—26；28—30；33—25；18—30；31—33；33—25；26—24；20—18；23—25：25—11；6—1 8；9—11；1 8—6；13—11；11—3；3—1。

21. 最佳变动方法

29 步。2—6—1 3—4—1—2 1—4—1—10—2—2 1—10—2—5—2 2—16—1—1 3—6—19—1 1—2—5—2 2—1 6—5—1 3—4—10—21。

22. 红黑牌相同的张数

洗 1000 次牌会有 1000 次相同，即每次的张数都一样。因为剩下的 52 张扑克里红色牌和黑色牌各有 26 张，A 堆的红色牌还要加进黑色的牌，所以一定不足 26 张，而少掉的张数一定在 B 堆里，所以 A 堆里黑色牌的张数与 B 堆中红色牌的张数肯定是相同的。

23. 猜花色

红心。

24. 翻牌

需要翻开有心形和方格的牌，而不是翻开带心形和条纹的牌。因为如果翻开了有方格的牌而背面是心形，表示这个人在撒谎；翻开有条纹的牌另一面是菱形或翻开有菱形的牌另一面是条纹并不能说明什么。注意，"所有的心形的牌的背面都是条纹"与"所有的有条纹的牌的背面都是心形"两种情况是不同的。

游戏乐园三：逆向思维训练答案

1. 巧走"梅花桩"

本游戏题的难度在那些"要求"，这是问题能否得到解决的关键。解答方法如图所示。

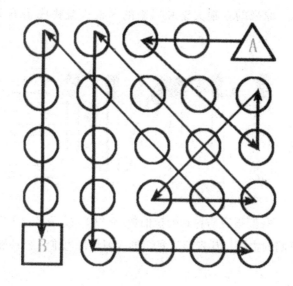

2. 非常任务

大头针穿过火柴并把火柴固定在软木塞上，然后把火柴、软木塞、大头针一起放到水里，把火柴点燃，并把烧杯倒扣在软木塞、大头针和火柴的组合之上。火柴燃烧把烧杯内的氧气耗光之后，水就会进入烧杯。

3. "发现"单词

如果你数一数每个字母出现的次数，就会发现：字母"D"出现1次，"1"出现2次，"S"出现3次，"C"出现4次，"O"出现5次，"V"出现6次，"E"出现7次，"R"出现8次。按这个顺序排列字母，就能得到单词"discover"（发现）。

4. 6 + 5 = 9?

如图所示，原来的6根火柴和后来的5根火柴拼成了英文单词 NINE（9）。

提到"9"，我们很容易想到阿拉伯数字"9"或汉字"九"。英文虽然早已进入了我们的生活，却未能让我们形成习惯性思维，容易被忽略。

5. 合二为一

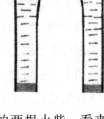

如图所示，先堵住U形玻璃管两端的开口，然后将它倒过来。使两个乒乓球浮到U形管顶部，最后按逆时针方向缓缓摆正U形管。

6. 消失的三角形

你可能会想，每个三角形都移出一根火柴后，3个三角形就完全不完整了，但本题的要求是只移动其中的两根火柴。看来，"常规思维"想出来的办法是行不通的。其实，解决这道题需要你的脑筋转转弯。

答案如图所示：

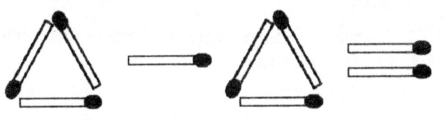

7. 火柴拼图

一根根地单独把火柴摆出来，肯定是不行的，必须充分利用每根火柴，让它们发挥最大的作用，才会有良好的结果。

答案如图所示：

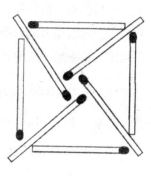

8. 一笔成汉字

如图所示。采取二重书写法，取其空白部分为字。

9. 未湿的手表

杯子中的咖啡是固体粉末，所以这个人的手和手表都没湿。

10. 小猫过河身未湿

答案：这是冬天，河水结冰了，小猫是从冰上过河的，所以身上会没有水。

在没有交通工具的情况下，小猫过河而身上不湿似乎有悖常理。小猫的弹跳力还没有好到可以腾空过河的程度，所以排除小猫是从河对面跳过来的可能性。这样你只能发散思维，换个角度考虑问题。

11. 青蛙跳井

4 天。从题中可知，青蛙爬到 6 米之后，后一天再爬上 5 米的话，就可以到井顶了，所以一共需要 4 天。

12. 不是双胞胎

这两个人是三胞胎或多胞胎中的两个人。

一提长得一模一样，我们就会习惯地认为这两个长得一模一样的人是双胞胎，这已经形成思维定式，因为双胞胎比较常见。但是，世界上还有三胞胎、四胞胎、五胞胎……这些都是应该充分考虑的。

13. 这只熊是什么颜色

白色。

这个题目故意设置了很多干扰你的因素。而且没有任何关于颜色的提示。看起来似乎无从下手。但是，题目的第一句话就点出了本题的主旨：能在北极生存的只有北极熊，所以这只小熊无论往哪儿走都是白色的。

14. 没法分的马

邻居把自己的一匹马也加在一起分，那么老大得了九匹，老二得了六匹。老三得了两匹，正好剩下一匹。这一匹就是邻居的。

15. 切七环金链

取出第三个金环，剩下的组成了 1 个、2 个、4 个三组。第一周领 1 个；第二周领 2 个还回 1 个；第三周领 1 个；第四周领 4 个还 1 个；第五周 1 个；第六周领 2 个还 1 个；第七周领 1 个。

16. 两人过河

两个人分别在河的两岸，一个人乘船到对岸后再交给另一个人，对岸的人就可以乘船过河了。

这道题解起来最困难的地方在于对第一句话的思维定式，以为两个人都处于河的同一侧，先入为主地把思路固定在处在同一岸的人该如何使用只能载一个人的船同时过河上面。自然就很难想到答案。只要你能突破思维定式，这道题解起来就不会那么难。

17. 鸡蛋坠而不碎

可以。

只要你将鸡蛋从 1 米以上的高度上向下掉落，在其掉落了 1 米的高度时，鸡蛋还没有掉落在水泥地上，所以鸡蛋可以坠而不碎。

18. 细胞分裂的时间

3 小时 3 分钟。

由提示（2）可知，第 2 个瓶子从原始状态的 2 个细胞，到整个瓶子充满细胞，需要经过 3 小时。因此，只要算出第 1 个瓶子里的 1 个细胞要变成 2 个细胞需要多少时间，再加上 3 小时后就是答案了。

由提示（1）可知，从 1 个细胞变为 2 个细胞需要 3 分钟。从结构上的规律。并以此为突破口，寻找一种新的认知方法。

19. 比较瓶子的大小

能。

将其中的一个瓶子装满水，然后再倒入另一个瓶子中，如果装不下，则另一个瓶子的容积更大；如果装不满，则另一个瓶子的容积更小；如果正好装满，则两个瓶子的容积相等。

20. 用桶分油

只要把油桶放到水面上，借助水的浮力，把油倒来倒去，直至两只桶浮在水面上的高度相等时，这些油就会被均分。

由于没有任何称量工具，乍一看似乎无法量出。但这里可以借鉴古代人的智慧，如"曹冲称象"和阿基米德"改称为量"的思维方法，就很容易把油平均分到两桶里去。

21. 飙车比赛

兄弟俩交换了彼此的摩托车。

按照妈妈比赛的规则，两个应该是比慢才是，谁越慢谁就能拿到大奖。但为什么两人不顾游戏规则，疯狂地比速度？这肯定另有缘由。两人越开越快的唯一原因就是两人换了车，谁的车先到，谁就输。

22. 找假币

只需称一次。

从第一堆银币中取一枚放在秤盘上，从第二堆银币中拿两枚放在秤盘上，从第三堆银币中拿三枚放在秤盘上，从第四堆银币中拿四枚放在秤盘上，如此等等。如果其中没有假币，你能算出秤盘上的银币该有多重。因此，如果你发现秤盘上重了多少，就能确定哪一堆是假币，因为堆的序数与拿出的币数是一样的。例如，秤盘上比正常重了4克，那么第四堆必为假币，因为你从这一堆中取出了4枚银币放在秤盘上。

23. 赌钱总是输

小孩说："你欠我15个铜板。"如果赢钱的人回答相信，就要给小孩15个铜板，如果回答不相信，就要给小孩10个铜板，所以还不如一直回答不相信，这样可以少损失5个铜板。

24. 羊、狼和白菜

由于山羊怕狼，羊会吃菜，所以先由山羊开始解决。步骤如下：
先带羊到对岸，人再回来；
再把狼带到对岸，把羊带回；
把菜带到对岸，人再回来；
最后把羊带到对岸；
这是一道非常古老的题，据说其创作年代可以追溯到公元8世纪。现在很多题都由此衍生出来，而且这种"渡河问题"出现的人物越多，玩法就越复杂，难度也就越大。

游戏乐园四：观察思维训练答案

1. 小区的窗格

B2 区。

2. 马的朝向

马是朝向你的。因为这幅图中马蹄的方向是朝前的，由此可以判：断出马的朝向。

3. 黑白圆圈

D。图形中有 3 个白色的圆圈、1 个黑色圆圈和 1 个三角形。只有 D 与它相同。

4. 立方体上的图案

D。我们都知道，同一个图案不可能同时出现在立方体的两个或两个以上的表面中。

5. 拼正方形颁奖台

要达到目的，先要使锯齿形的边相互吻合。颁奖台的各个台阶都是对称相等的，所以可以剪左拼右或剪右拼左。

6. 找多余

B。

7. 丝巾下的海马

B，从颜色上区别。

8. 不同的花手绢

第四幅图与其他花手绢不同。

9. 哪个圆圈大

两个圆圈一样大。在比较这两幅图片的时候，我们会有右边图中圆圈大的印象，其实这是一个视觉误差。

10. 一样的蝴蝶

A 和 F 是完全一样的。

11. 不相称

D。其他的都是顺时针向里旋转。

12. 八角齿轮

A 与 B 完全相同。

13. 不同的蜘蛛

C。蜘蛛的位置与其他两个不同。

14. 不同的螺旋蚊香

C。图案 C 是按顺时针方向旋转的，而其他几个蚊香图案都是按逆时针方向旋转的。

15. 找不同

B。A、D 完全相同，F、G 完全相同，C、E 通过旋转可以变成 A。只有 B 与其他图形不同。

16. 共有几匹马

总共有 4 匹马。左右两边是两匹倒卧蜷缩的马，上下是两匹正在奔跑的马。

17. 补充图形

A。

18. 菱形里的数字

可以将菱形中数字18切成两个"1"和两个"0"。

游戏乐园五：想象思维训练答案

1. 画出水杯

如图示，添加一条线就有5个水杯了。

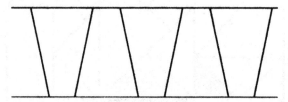

2. 分月牙

将AB、CD两条直线连接起来就可以把一个月牙分成6个部分。

3. 不重叠的三角形

用7条直线最多可能画出11个不重叠的三角形。

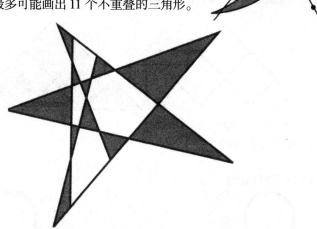

4. 小鱼藏在何处?

如图所示。

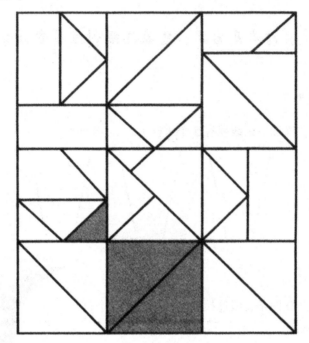

5. 图形组合

先把正方形拼成形。然后再填充三个等腰三角形。

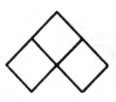 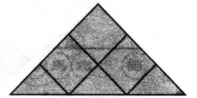

6. 宝石的轨迹

(1) 答案如图:

（2）答案如图：

7. 词语猜谜

埃菲尔铁塔。

埃菲尔铁塔原为庆祝法国大革命（1789 年）100 周年举办的博览会而建造。

1951 年，铁塔顶层增设广播天线，兼用于广播事业。

埃菲尔铁塔位于巴黎塞纳河左岸。

埃菲尔铁塔是巴黎的标志性建筑之一。

8. 翻动的积木

最后朝上的一面是 5。

9. 生日蛋糕

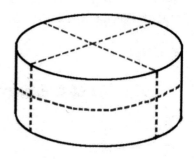

如果拿着刀在蛋糕的表面上比画来比画去，你永远不可能找到正确的切法，要充分调动大脑的想象力。

如图：先从上到下切一个十字，再拦腰切一刀。

10. 盲人取袜

盲人无法通过视觉辨别物体，但他们的触觉十分灵敏。顺着这个思路，我们可以尝试找寻问题的答案，即：除了颜色不同外，黑色和白色还有什么不一样的特性？将两条线索归纳到一起，就可以找到解决问题的方法，即将四双袜子放在太阳底下晒相同的时间，因为黑袜子比白袜子吸热更多，所以用手触摸，比较热的那两双是黑袜子，另外两双是白袜子。

11. 纸环想象

剪开后是一个正方框，形状如图所示。

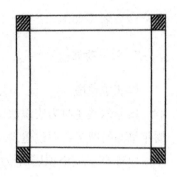

12. 单摆

当球摆动到最高点的一刹那，球既不再向上也不再向下摆动，而是垂直下落。

13. 硬币转转转

由于两枚硬币的周长是一样的，因此，你可能认为硬币 A 在紧贴硬币 B "公转"一周的整个过程中，仅围绕自己的中心"自转"了一周，即一个 360°。但当你实际操作一遍后，就会惊奇地发现，硬币 A 实际上"自转"了两周，即两个 360°。

游戏乐园六：直觉思维训练答案

1. 巧取金币

你感受过旋风的力量吗？吹气也可以吹动金币。如果你把注意力转到"吹气"上，就可以找到解决问题的方法了。

正确的做法是：用嘴朝着杯口用力吹气，银币会旋转起来。由于浮力和银币旋转的力量，金币会浮上来。如果你的力量够大，金币就会从杯口飞出来。

2. 喝汽水

答案：40 瓶。

先计算 1 元钱最多能喝几瓶汽水：喝 1 瓶后有 1 个空瓶，向商家借 1 个空瓶，2 个瓶换 1 瓶汽水，继续喝，喝完后手里又有了 1 个空瓶，把这个空瓶还给商家。即 1 元钱最多能喝 2 瓶汽水。20 元钱当然最多能喝 40 瓶汽水。

3. 难搭的桥

乍一看，这种结构的桥好像是搭不出来的，因为还没搭几块，桥就会因为重心不稳而倒塌。可是，如果找到正确的思路，搭这座桥将是轻而易举的事情。

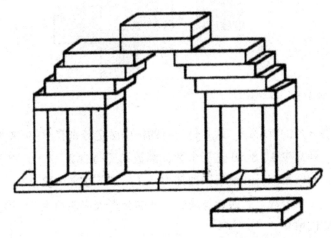

关键在于桥墩与桥面之间的搭建。一开始可以多放两块积木做桥墩。当搭了足够多的积木后，桥的构架也就稳定了，这时再把多余的桥墩取走。

4. 麦秸提瓶

这也是一个突破思维定式的题目。麦秸虽然细，但足够长。如果你把麦秸的一头折叠，折叠的宽度比瓶口的直径稍长一点。然后将麦秸放进瓶里，折叠的部分就会撑在瓶子的内壁上，这时你就可以将这个酒瓶提起来了。

5. 巧组正方形

像图这样组合，就会出现 5 个不同大小的正方形。

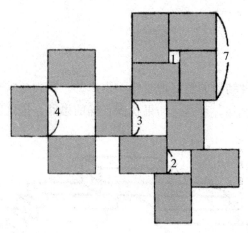

6. 数字魔方

先一列一列的看，每一列和每一行的格中必定分别有 1~9 这九个数字。

最后一列只少3、8、9 这三个数，倒数第三行少2、3、6、7 这四个数字，这样，倒数第三行和最后一列都少了3，交点处应该填上 3。正数第四行少2、5、8 三个数，第四行与最后一列的交点处应该填上 8。第一行最后一个数就应该填9。

4	2	1	7	5	8	6	3	9
3	8	6	9	4	2	5	7	1
9	7	5	6	3	1	4	8	2
6	9	7	3	1	4	2	5	8
2	5	4	8	6	9	3	1	7
8	1	3	2	7	5	9	6	4
1	4	8	5	9	6	7	2	3
5	3	9	1	2	7	8	4	6
7	6	2	4	8	3	1	9	5

依照以上推理方法一行一行、一列一列地推导下去，即可知答案，如图所示：

7. 黑白棋局

首先将棋子标上号码，黑1、黑2、黑3、黑4、黑5、白6、白7、白8、白9、白10，然后开始移动。

第一步：把黑3、黑4移到白7后面。

第二步：把白7、黑3移至白9后面。

第三步：把黑1、黑2移至白8后面。

第四步：把黑2、白9移至白7后面。

8. 棋子迷局

请按下图移动。所用步数按硬币编号从①～⑥的次序相加为：1步＋2步＋1步＋1步＋2步＋1步－8步。

9. 方格求值

A—17，B—18，C—14。

经过观察，可发现方格内任意横排或竖列里的数字和均等于50。

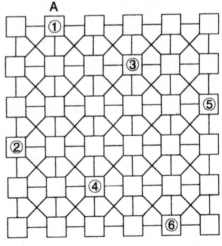

10. 剩余的页数

92 页。

从第 20~25 页共有 6 页，那么从 100 里减去 6 就是 94 页……这样计算就错了。纸是有正反两面的，所以不可能只脱落其中的一面。既然第 20 页脱落了，那么第 19 页也必定脱落。同理，既然第 25 页脱落了，那么其背面的第 26 页也必然随之脱落。因此，脱落的应该是 19~26 页，共计 8 页。

11. 面积之比

因为这两块铁皮是同质地、同厚度的，所以将它们放在天平两端称一称即可比较出它们面积的大小。重量大的面积相应大，重量小的面积也相应小，重量相等则面积相等。

12. 成语算式

竖列答案：一心一意、两面三刀、三令五申、四分五裂、五花八门、六街三市、七上八下、十寒一暴。

横排等式：
$1 + 2 - 3 + 4 + 5 - 6 + 7 = 10$
$1 + 3 - 5 + 5 + 8 - 3 - 8 = 1$

13. 名片规格

依照图所示，把名片横着、竖着摆成两排，等到两者刚好吻合的时候，再算算各自的张数。比如，由图来看，上排 3 张的长度刚好等于下排 5 张的宽度，因此 $9 \times 3 \div 5 = 5.4$。也就是说，名片的宽度是 5.4 厘米。

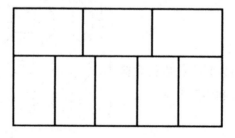

14. 卡片转换

首先想想移动后的卡片与其现在的位置有什么联系，寻找一下解决问题的可能性。可以发现，按要求移动卡片其实是不可能做到的。这时，你的想象力就会提醒你：只要连盒一起旋转 180 度即可。

15. 火柴变形

答案如图。

（1）

（2）

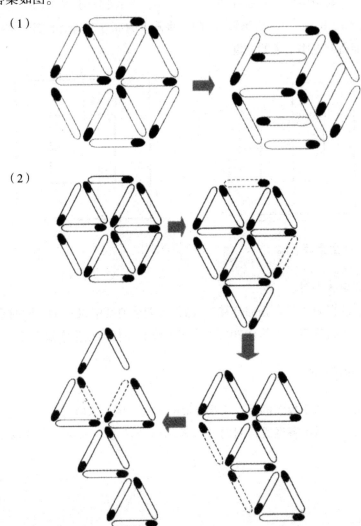

16. 分割铜钱

铜钱上的孔为正方形，将铜钱切割成四块，每块应占有该正方形的一个边。围绕这个中心思考，才能找到解决问题的途径。可按图中虚线所示进行切割。

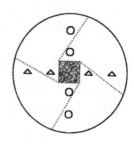

17. 巧截图形

取 3 块正方形的中心点分别为 b、c、d，再取 ED 与 DC 的中心点 a、e。然后，沿 a、b、c、d、e 的连线切割。将截下的部分与剩余的部分拼接在一起，就能得到题中要求的方框。

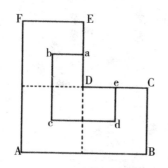 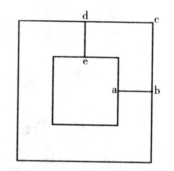

18. 维生素缺乏症

这种说法不对。

错误的根源在于"叠加分类"。因为可能该地区中 30% 的人同时患有这三种维生素缺乏症，而其余 70% 的人根本没有患任何维生素缺乏症。

19. 小洞换位

方法一：从木板上割下一块长方形的木块，倒过来填回去。

方法二：从准备做成圆洞的地方挖出一个圆形的木块，将它填回原来的圆洞。

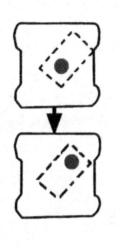
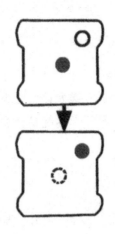

20. 顺水追鞋

河水的流动速度可忽略不计，即认为鞋子在落下地点不动。船在静止的水中往返跑了 200 米，因而所需时间为 10 分钟，追回鞋子时应该是 12 点 10 分。

21. 颠倒影像

因为人的影像与人是关于镜子对称的，而镜子是立着放的，所以镜子中的人就是左右颠倒的。

而若想使人的影像上下颠倒，只要将镜子横着放，人站在镜子上就行了。

22. 100 个乒乓球

如果只剩 6 个乒乓球，让对方先拿球，你一定能拿到第 6 个乒乓球。理由是：如果他拿 1 个，你拿 5 个；如果他拿 2 个，你拿 4 个；如果他拿 3 个，你拿 3 个；如果他拿 4 个，你拿 2 个；如果他拿 5 个，你拿 1 个。

再把 100 个乒乓球从后向前按组分开，6 个乒乓球一组。100 不能被 6 整除，这样就分成 17 组。第一组 4 个，后 16 组每组 6 个。

先把第一组 4 个拿完。后 16 组每组都让对方先拿球，自己拿完剩下的，这样你就能拿到第 16 组的最后一个，即最后一个乒乓球。

23. 流畅的语言

例如：不知道那个"人"的长相如何？他有什么生活习惯？要不要报警？需不需要为他伪装？该怎么为他安排生活起居？亲戚朋友来家里小住，我们都得忙上一阵子，何况是"非人类"。这经验谁也从未有过，因此全凭发散思维了。

24. 诗中游

青岛、宁波、天津、上海、温州、长春。

游戏乐园七：散聚思维训练答案

1. 读书计划

第6天仍读了20页。

2. 互看脸部

"一个面向南一个面向北站立着"，如果你认为两个人是背对背而立，那就得不到答案了。两个面对对方站立的人，也同样可以一个面向南一个面向北站立啊。

3. 近视眼购物

眼镜框。因为李明是深度近视，一拿掉眼镜几乎看不见，如果不戴隐形眼镜，自己就不能确定购买的镜框是否美观、合适。

4. 一道既简单又复杂的趣题

8站。确实很简单吧，但你是不是在费尽心思计算车上还有多少人呢？

注意力是有选择性的，当人们注意某项活动时，心理活动就指向、集中于这一活动，并抑制与这一活动无关的事物。所以，我们在做一件事情的时候，要把注意力集中到主要的任务上，这样才能事半功倍。

5. 糊涂岛上的孩子

今天就是星期天。他们真是够糊涂的，

6. 智者的趣题

把最左边的小圆画在极远的右边。如图：

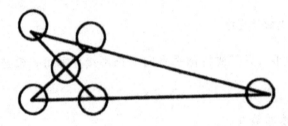

7. 月亮游戏

后羿用箭射的当然是太阳，但很多人未经思考就会做出反应，回答说"月亮"。这就是思维惯性的影响。

8. 永远坐不到的地方

可能。爸爸永远都坐不到他自己的腿上。

9. 火车在什么地方

毫无疑问，火车应该在铁轨上。

10. 机器猫的问题

地球。在地球上你随便往上空扔一个小石头，它都会弹回来的。

11. 语文老师的难题

这首诗的谜底是成语"灵机一动"。

12. 斯芬克斯谜题

答案是人。

早晨，象征人刚出生的时候，是靠腿和手爬行走路的，所以早上起来的时候四条腿；中午象征是人到了中年，是两条腿直立行走的，所以中午两条腿；晚上三条腿就是指人衰老的时候要借助拐杖走路，那么这个拐杖就形成了人的第三条腿，所以晚上三条腿。

13. 让人高兴的死法

这个人选择了"老死"的死法。

14. 自动飞回的皮球

没什么本事，只需要将球垂直向上扔再接住即可，想必你也一定能做到。

15. 机械表的动力

机械表的动力来自一组扁平的弹簧圈，称为发条，分为手工上链与自动上链两种，无须使用电池，其中自动上链是依赖自动盘的力量运转的。但是无论哪种机械表，上发条都要靠人来做。所以，机械表的动力是人力。

16. 不落地的苹果

在线的中间打一个活结，使结旁多出一股线来，从线套中间剪断，苹果不会落下来。

17. 快速抢答

从其他 3 个车胎上分别取下 1 个螺丝，用 3 个螺丝将备用胎固定即可。

18. 谁在挨饿

不对。动物园里有 2 只幼熊。

19. 过独木桥

妞妞的爸爸把两个小孩放进两边的箩筐里，转一个身，两个小孩就互相换了位置，各自过桥了。

20. 巧进城堡

詹姆斯趁守门人出来巡视的间隙，快步走进城门，当守门人出来巡视时，又转身向回走。守门人误认为他想溜出城去，于是就把他赶进了城堡。

21. 翻穿毛衣

首先，把毛衣拉过头脱下，这样就把它翻了个面。让它的里面向外挂在绳子上。

然后，把毛衣从它的一只袖子中塞过去，这样就翻了个面。现在它正面向外挂在绳子上。

最后，把毛衣套过头穿上，这样就完整地把毛衣穿好了。

22. 反插裤兜

把裤子前后反穿。

23. 汤姆的体重

完全有可能，最轻的时候是他出生的时候。

24. 大力士的困惑

因为他要举起的是他自己。

游戏乐园八：记忆思维训练答案

1. 许特尔记忆图表

你可以自行将此类表放大，比如放大为 36 格，经常训练。这种游戏不仅能增强你的记忆力，还有助于提高你的阅读速度。

2. 回忆填图

答案：C。
记忆图形时，除了要留心图形的形状，也要留心图形间有什么样的关系，抓住规律记忆才能提高记忆效率。

3. 金库密码

瞬间记忆必须借助一些巧妙的方法。例如我们可以用颜色来区分左和右，可以用形似的物体来代表数字。

4. 瞬间找不同

（1）④；（2）②
（3）如图

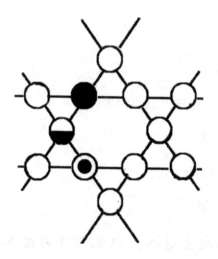

5. 手势回忆

记忆的过程中不仅要动脑，还要动手，以便在大脑记忆的区间建立一个动作的影像。

6. 减少信息

我们既要善于思考"增加",又要善于思考"减少"。对于这样的零散物品,最好的记忆方法就是"故事记忆法",把你看到的东西用故事的形式串连起来。

7. 复谜数字

记忆数字时要发挥你的想象力,可以利用数字的谐音或形状联想记忆。

8. 选择记忆

记忆时最怕受到无关因素的干扰。做这组游戏时,一定要集中注意力,及时把干扰项排除。

9. 过目不忘

记忆的过程中,你需要调动视觉、听觉、感觉。进行此游戏时,秘诀是在图像与名字之间建立一种联系,联系得好,记得就快。

10. 突变

如图所示。比原始卡片的宽和高都增加了 1 倍。

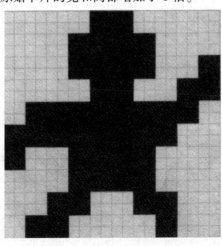

11. 缺少的立方体

缺少 20 个立方体。

12. 重物平衡

3 个蓝色重物和 1 个黄色重物。

13. 总数游戏

不管游戏者 1 将 5 放在哪一栏中，游戏者 2 把 6 放在另一栏里就可以赢得游戏。

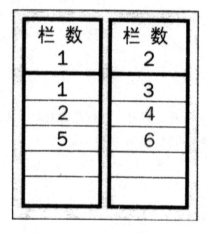

栏 数 1	栏 数 2
1	3
2	4
5	6

栏 数 1	栏 数 2
1	3
2	4
6	5

14. 旋转的物体

如图所示。

15. 三角形数

查尔斯·W·崔格发现了 136 种不同的排列方法。如图所示是其中 4 种。

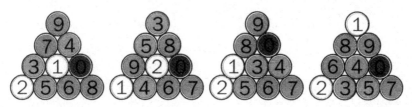

16. 连续整数

3 个重物的重量分别为 17、18 和 19 克。

17. 小猪存钱罐

1/4x + 1/5x + 1/6x = 37

x = 60

因此我一共有 60 美元。

18. 柜子里的秘密

密码是 CREATIVITY。